FRACTION WORKBOOK

EQUIVALENT FRACTIONS

1) $\dfrac{}{6} = \dfrac{24}{36}$ 2) $\dfrac{}{2} = \dfrac{8}{16}$ 3) $\dfrac{1}{} = \dfrac{4}{16}$

4) $\dfrac{4}{} = \dfrac{36}{54}$ 5) $\dfrac{5}{} = \dfrac{10}{16}$ 6) $\dfrac{7}{8} = \dfrac{35}{}$

7) $\dfrac{2}{4} = \dfrac{10}{}$ 8) $\dfrac{1}{} = \dfrac{6}{12}$ 9) $\dfrac{1}{2} = \dfrac{10}{}$

10) $\dfrac{}{4} = \dfrac{12}{16}$ 11) $\dfrac{4}{8} = \dfrac{}{80}$ 12) $\dfrac{}{6} = \dfrac{40}{48}$

13) $\dfrac{1}{2} = \dfrac{2}{}$ 14) $\dfrac{2}{4} = \dfrac{12}{}$ 15) $\dfrac{6}{} = \dfrac{12}{16}$

16) $\dfrac{1}{4} = \dfrac{}{32}$ 17) $\dfrac{1}{2} = \dfrac{}{10}$ 18) $\dfrac{1}{} = \dfrac{5}{30}$

EMMA.SCHOOL	Page 2	EQUIVALENT

1) $\dfrac{1}{2} = \dfrac{}{8}$ 2) $\dfrac{2}{6} = \dfrac{18}{}$ 3) $\dfrac{6}{8} = \dfrac{}{16}$

4) $\dfrac{2}{} = \dfrac{8}{16}$ 5) $\dfrac{3}{8} = \dfrac{9}{}$ 6) $\dfrac{1}{2} = \dfrac{2}{}$

7) $\dfrac{3}{4} = \dfrac{9}{}$ 8) $\dfrac{3}{} = \dfrac{9}{18}$ 9) $\dfrac{}{2} = \dfrac{10}{20}$

10) $\dfrac{}{6} = \dfrac{30}{36}$ 11) $\dfrac{1}{4} = \dfrac{}{12}$ 12) $\dfrac{1}{} = \dfrac{8}{16}$

13) $\dfrac{4}{6} = \dfrac{}{24}$ 14) $\dfrac{6}{8} = \dfrac{}{48}$ 15) $\dfrac{1}{4} = \dfrac{}{32}$

16) $\dfrac{1}{} = \dfrac{7}{14}$ 17) $\dfrac{1}{6} = \dfrac{}{54}$ 18) $\dfrac{3}{4} = \dfrac{}{40}$

EQUIVALENT

1) $\dfrac{1}{2} = \dfrac{8}{}$
2) $\dfrac{}{8} = \dfrac{10}{40}$
3) $\dfrac{}{6} = \dfrac{9}{18}$

4) $\dfrac{}{4} = \dfrac{20}{40}$
5) $\dfrac{}{2} = \dfrac{10}{20}$
6) $\dfrac{6}{8} = \dfrac{}{80}$

7) $\dfrac{1}{2} = \dfrac{6}{}$
8) $\dfrac{}{4} = \dfrac{6}{12}$
9) $\dfrac{5}{6} = \dfrac{}{42}$

10) $\dfrac{}{6} = \dfrac{6}{36}$
11) $\dfrac{}{8} = \dfrac{42}{56}$
12) $\dfrac{2}{4} = \dfrac{12}{}$

13) $\dfrac{}{6} = \dfrac{27}{54}$
14) $\dfrac{2}{8} = \dfrac{14}{}$
15) $\dfrac{1}{2} = \dfrac{}{8}$

16) $\dfrac{}{4} = \dfrac{27}{36}$
17) $\dfrac{1}{} = \dfrac{2}{4}$
18) $\dfrac{}{8} = \dfrac{6}{24}$

EMMA.SCHOOL — Page 4 — EQUIVALENT

1) $\dfrac{2}{8} = \dfrac{}{72}$ 2) $\dfrac{}{4} = \dfrac{30}{40}$ 3) $\dfrac{1}{2} = \dfrac{10}{}$

4) $\dfrac{5}{6} = \dfrac{}{30}$ 5) $\dfrac{}{8} = \dfrac{12}{24}$ 6) $\dfrac{1}{} = \dfrac{7}{56}$

7) $\dfrac{4}{} = \dfrac{28}{42}$ 8) $\dfrac{1}{2} = \dfrac{}{16}$ 9) $\dfrac{}{8} = \dfrac{8}{64}$

10) $\dfrac{1}{} = \dfrac{9}{36}$ 11) $\dfrac{}{6} = \dfrac{45}{54}$ 12) $\dfrac{2}{} = \dfrac{6}{18}$

13) $\dfrac{2}{4} = \dfrac{}{28}$ 14) $\dfrac{5}{} = \dfrac{45}{72}$ 15) $\dfrac{}{8} = \dfrac{36}{72}$

16) $\dfrac{}{6} = \dfrac{10}{30}$ 17) $\dfrac{1}{2} = \dfrac{4}{}$ 18) $\dfrac{1}{} = \dfrac{8}{32}$

EQUIVALENT

Page 5

1) $\dfrac{4}{} = \dfrac{8}{12}$ 2) $\dfrac{}{8} = \dfrac{45}{72}$ 3) $\dfrac{1}{2} = \dfrac{}{4}$

4) $\dfrac{2}{4} = \dfrac{12}{}$ 5) $\dfrac{2}{4} = \dfrac{14}{}$ 6) $\dfrac{}{8} = \dfrac{6}{48}$

7) $\dfrac{}{2} = \dfrac{5}{10}$ 8) $\dfrac{2}{6} = \dfrac{4}{}$ 9) $\dfrac{1}{} = \dfrac{7}{28}$

10) $\dfrac{}{2} = \dfrac{9}{18}$ 11) $\dfrac{5}{} = \dfrac{15}{18}$ 12) $\dfrac{2}{} = \dfrac{14}{56}$

13) $\dfrac{4}{6} = \dfrac{40}{}$ 14) $\dfrac{}{4} = \dfrac{15}{20}$ 15) $\dfrac{}{8} = \dfrac{50}{80}$

16) $\dfrac{3}{6} = \dfrac{}{60}$ 17) $\dfrac{7}{8} = \dfrac{}{64}$ 18) $\dfrac{1}{4} = \dfrac{}{20}$

EQUIVALENT — Page 6

1) $\dfrac{1}{2} = \dfrac{5}{\_\_}$ 2) $\dfrac{\_\_}{6} = \dfrac{8}{24}$ 3) $\dfrac{6}{\_\_} = \dfrac{36}{48}$

4) $\dfrac{1}{4} = \dfrac{4}{\_\_}$ 5) $\dfrac{\_\_}{2} = \dfrac{4}{8}$ 6) $\dfrac{5}{8} = \dfrac{30}{\_\_}$

7) $\dfrac{2}{\_\_} = \dfrac{6}{12}$ 8) $\dfrac{3}{8} = \dfrac{15}{\_\_}$ 9) $\dfrac{5}{6} = \dfrac{25}{\_\_}$

10) $\dfrac{1}{2} = \dfrac{\_\_}{20}$ 11) $\dfrac{1}{\_\_} = \dfrac{8}{48}$ 12) $\dfrac{3}{8} = \dfrac{30}{\_\_}$

13) $\dfrac{2}{4} = \dfrac{\_\_}{32}$ 14) $\dfrac{1}{4} = \dfrac{8}{\_\_}$ 15) $\dfrac{1}{2} = \dfrac{\_\_}{12}$

16) $\dfrac{5}{6} = \dfrac{\_\_}{12}$ 17) $\dfrac{1}{8} = \dfrac{4}{\_\_}$ 18) $\dfrac{4}{6} = \dfrac{\_\_}{18}$

EQUIVALENT

1) $\frac{6}{8} = \frac{60}{\_\_}$ 2) $\frac{\_\_}{2} = \frac{7}{14}$ 3) $\frac{\_\_}{4} = \frac{4}{16}$

4) $\frac{1}{4} = \frac{\_\_}{40}$ 5) $\frac{\_\_}{2} = \frac{10}{20}$ 6) $\frac{4}{8} = \frac{12}{\_\_}$

7) $\frac{1}{6} = \frac{6}{\_\_}$ 8) $\frac{\_\_}{2} = \frac{4}{8}$ 9) $\frac{\_\_}{6} = \frac{20}{24}$

10) $\frac{2}{4} = \frac{\_\_}{40}$ 11) $\frac{5}{8} = \frac{\_\_}{32}$ 12) $\frac{1}{\_\_} = \frac{3}{6}$

13) $\frac{3}{4} = \frac{\_\_}{8}$ 14) $\frac{\_\_}{6} = \frac{27}{54}$ 15) $\frac{5}{8} = \frac{30}{\_\_}$

16) $\frac{1}{\_\_} = \frac{9}{36}$ 17) $\frac{1}{\_\_} = \frac{6}{12}$ 18) $\frac{1}{2} = \frac{2}{\_\_}$

1) $\dfrac{}{4} = \dfrac{3}{12}$ 2) $\dfrac{3}{} = \dfrac{6}{12}$ 3) $\dfrac{}{2} = \dfrac{2}{4}$

4) $\dfrac{2}{} = \dfrac{6}{18}$ 5) $\dfrac{1}{} = \dfrac{4}{8}$ 6) $\dfrac{2}{4} = \dfrac{}{28}$

7) $\dfrac{3}{8} = \dfrac{}{32}$ 8) $\dfrac{1}{2} = \dfrac{10}{}$ 9) $\dfrac{}{4} = \dfrac{6}{12}$

10) $\dfrac{}{8} = \dfrac{10}{80}$ 11) $\dfrac{}{6} = \dfrac{35}{42}$ 12) $\dfrac{}{4} = \dfrac{9}{12}$

13) $\dfrac{3}{} = \dfrac{21}{56}$ 14) $\dfrac{1}{} = \dfrac{5}{10}$ 15) $\dfrac{}{6} = \dfrac{10}{30}$

16) $\dfrac{}{6} = \dfrac{5}{30}$ 17) $\dfrac{}{4} = \dfrac{10}{20}$ 18) $\dfrac{4}{} = \dfrac{8}{16}$

EQUIVALENT

Page 9

1) $\dfrac{3}{\_\_} = \dfrac{21}{42}$
2) $\dfrac{\_\_}{4} = \dfrac{8}{32}$
3) $\dfrac{\_\_}{6} = \dfrac{30}{60}$

4) $\dfrac{7}{8} = \dfrac{\_\_}{32}$
5) $\dfrac{\_\_}{2} = \dfrac{9}{18}$
6) $\dfrac{3}{4} = \dfrac{9}{\_\_}$

7) $\dfrac{1}{6} = \dfrac{\_\_}{24}$
8) $\dfrac{5}{8} = \dfrac{50}{\_\_}$
9) $\dfrac{1}{2} = \dfrac{7}{\_\_}$

10) $\dfrac{2}{4} = \dfrac{\_\_}{32}$
11) $\dfrac{2}{\_\_} = \dfrac{6}{18}$
12) $\dfrac{1}{2} = \dfrac{4}{\_\_}$

13) $\dfrac{5}{\_\_} = \dfrac{35}{56}$
14) $\dfrac{1}{\_\_} = \dfrac{10}{40}$
15) $\dfrac{\_\_}{8} = \dfrac{3}{24}$

16) $\dfrac{2}{\_\_} = \dfrac{8}{24}$
17) $\dfrac{\_\_}{8} = \dfrac{36}{72}$
18) $\dfrac{5}{6} = \dfrac{\_\_}{30}$

EQUIVALENT

1) $\dfrac{\_\_}{8} = \dfrac{10}{16}$ 2) $\dfrac{1}{2} = \dfrac{\_\_}{18}$ 3) $\dfrac{4}{6} = \dfrac{\_\_}{54}$

4) $\dfrac{1}{\_\_} = \dfrac{5}{10}$ 5) $\dfrac{7}{8} = \dfrac{21}{\_\_}$ 6) $\dfrac{\_\_}{4} = \dfrac{5}{20}$

7) $\dfrac{2}{\_\_} = \dfrac{14}{28}$ 8) $\dfrac{2}{8} = \dfrac{4}{\_\_}$ 9) $\dfrac{1}{\_\_} = \dfrac{3}{18}$

10) $\dfrac{1}{\_\_} = \dfrac{2}{4}$ 11) $\dfrac{2}{\_\_} = \dfrac{16}{32}$ 12) $\dfrac{\_\_}{2} = \dfrac{3}{6}$

13) $\dfrac{1}{\_\_} = \dfrac{6}{36}$ 14) $\dfrac{\_\_}{8} = \dfrac{27}{72}$ 15) $\dfrac{\_\_}{4} = \dfrac{2}{8}$

16) $\dfrac{4}{6} = \dfrac{\_\_}{18}$ 17) $\dfrac{\_\_}{8} = \dfrac{18}{72}$ 18) $\dfrac{3}{6} = \dfrac{\_\_}{54}$

EQUIVALENT

1) $\dfrac{1}{2} = \dfrac{}{20} = \dfrac{2}{}$

2) $\dfrac{1}{8} = \dfrac{}{40} = \dfrac{7}{}$

3) $\dfrac{2}{4} = \dfrac{16}{} = \dfrac{12}{}$

4) $\dfrac{1}{4} = \dfrac{8}{} = \dfrac{2}{}$

5) $\dfrac{1}{2} = \dfrac{}{12} = \dfrac{4}{}$

6) $\dfrac{3}{6} = \dfrac{}{12} = \dfrac{}{48}$

7) $\dfrac{3}{8} = \dfrac{21}{} = \dfrac{15}{}$

8) $\dfrac{4}{8} = \dfrac{24}{} = \dfrac{}{24}$

9) $\dfrac{3}{6} = \dfrac{}{60} = \dfrac{}{24}$

10) $\dfrac{1}{2} = \dfrac{}{6} = \dfrac{4}{}$

11) $\dfrac{1}{4} = \dfrac{3}{} = \dfrac{8}{}$

12) $\dfrac{1}{2} = \dfrac{}{18} = \dfrac{5}{}$

13) $\dfrac{1}{4} = \dfrac{}{20} = \dfrac{10}{}$

14) $\dfrac{4}{6} = \dfrac{}{24} = \dfrac{}{48}$

15) $\dfrac{1}{8} = \dfrac{}{24} = \dfrac{}{16}$

16) $\dfrac{1}{4} = \dfrac{}{16} = \dfrac{9}{}$

17) $\dfrac{2}{6} = \dfrac{4}{} = \dfrac{}{30}$

18) $\dfrac{1}{8} = \dfrac{}{64} = \dfrac{6}{}$

19) $\dfrac{1}{2} = \dfrac{9}{} = \dfrac{6}{}$

20) $\dfrac{1}{6} = \dfrac{}{18} = \dfrac{4}{}$

1) $\dfrac{4}{6} = \dfrac{16}{} = \dfrac{}{18}$

2) $\dfrac{2}{4} = \dfrac{}{36} = \dfrac{}{24}$

3) $\dfrac{2}{8} = \dfrac{}{64} = \dfrac{}{80}$

4) $\dfrac{7}{8} = \dfrac{}{72} = \dfrac{}{24}$

5) $\dfrac{1}{6} = \dfrac{}{54} = \dfrac{5}{}$

6) $\dfrac{1}{2} = \dfrac{}{16} = \dfrac{3}{}$

7) $\dfrac{2}{4} = \dfrac{}{40} = \dfrac{14}{}$

8) $\dfrac{1}{2} = \dfrac{}{10} = \dfrac{}{12}$

9) $\dfrac{4}{6} = \dfrac{16}{} = \dfrac{8}{}$

10) $\dfrac{6}{8} = \dfrac{}{56} = \dfrac{}{48}$

11) $\dfrac{1}{4} = \dfrac{8}{} = \dfrac{}{40}$

12) $\dfrac{4}{6} = \dfrac{}{24} = \dfrac{}{54}$

13) $\dfrac{2}{8} = \dfrac{16}{} = \dfrac{12}{}$

14) $\dfrac{1}{4} = \dfrac{}{8} = \dfrac{3}{}$

15) $\dfrac{1}{2} = \dfrac{9}{} = \dfrac{10}{}$

16) $\dfrac{2}{8} = \dfrac{18}{} = \dfrac{6}{}$

17) $\dfrac{3}{4} = \dfrac{}{24} = \dfrac{15}{}$

18) $\dfrac{1}{2} = \dfrac{10}{} = \dfrac{}{14}$

19) $\dfrac{1}{6} = \dfrac{7}{} = \dfrac{}{24}$

20) $\dfrac{2}{6} = \dfrac{20}{} = \dfrac{4}{}$

1) $\dfrac{3}{8} = \dfrac{15}{} = \dfrac{}{16}$

2) $\dfrac{1}{2} = \dfrac{2}{} = \dfrac{}{20}$

3) $\dfrac{3}{4} = \dfrac{}{16} = \dfrac{21}{}$

4) $\dfrac{5}{8} = \dfrac{}{80} = \dfrac{15}{}$

5) $\dfrac{1}{2} = \dfrac{8}{} = \dfrac{10}{}$

6) $\dfrac{2}{6} = \dfrac{4}{} = \dfrac{}{18}$

7) $\dfrac{2}{4} = \dfrac{}{24} = \dfrac{6}{}$

8) $\dfrac{5}{8} = \dfrac{50}{} = \dfrac{}{56}$

9) $\dfrac{1}{2} = \dfrac{7}{} = \dfrac{}{4}$

10) $\dfrac{1}{6} = \dfrac{2}{} = \dfrac{6}{}$

11) $\dfrac{1}{4} = \dfrac{9}{} = \dfrac{8}{}$

12) $\dfrac{1}{4} = \dfrac{}{12} = \dfrac{}{28}$

13) $\dfrac{7}{8} = \dfrac{49}{} = \dfrac{}{72}$

14) $\dfrac{1}{2} = \dfrac{10}{} = \dfrac{}{12}$

15) $\dfrac{3}{6} = \dfrac{12}{} = \dfrac{}{30}$

16) $\dfrac{4}{8} = \dfrac{}{40} = \dfrac{32}{}$

17) $\dfrac{1}{4} = \dfrac{4}{} = \dfrac{6}{}$

18) $\dfrac{1}{2} = \dfrac{4}{} = \dfrac{8}{}$

19) $\dfrac{5}{6} = \dfrac{25}{} = \dfrac{50}{}$

20) $\dfrac{3}{6} = \dfrac{9}{} = \dfrac{21}{}$

1) $\dfrac{3}{6} = \dfrac{18}{} = \dfrac{30}{}$

2) $\dfrac{1}{2} = \dfrac{}{14} = \dfrac{3}{}$

3) $\dfrac{3}{4} = \dfrac{21}{} = \dfrac{}{8}$

4) $\dfrac{2}{4} = \dfrac{}{28} = \dfrac{}{40}$

5) $\dfrac{3}{8} = \dfrac{24}{} = \dfrac{12}{}$

6) $\dfrac{1}{2} = \dfrac{}{16} = \dfrac{4}{}$

7) $\dfrac{1}{6} = \dfrac{3}{} = \dfrac{}{24}$

8) $\dfrac{5}{8} = \dfrac{}{32} = \dfrac{}{40}$

9) $\dfrac{1}{4} = \dfrac{5}{} = \dfrac{}{40}$

10) $\dfrac{1}{2} = \dfrac{}{8} = \dfrac{7}{}$

11) $\dfrac{4}{6} = \dfrac{}{30} = \dfrac{}{60}$

12) $\dfrac{1}{2} = \dfrac{9}{} = \dfrac{4}{}$

13) $\dfrac{3}{4} = \dfrac{27}{} = \dfrac{}{32}$

14) $\dfrac{6}{8} = \dfrac{42}{} = \dfrac{24}{}$

15) $\dfrac{6}{8} = \dfrac{}{32} = \dfrac{}{48}$

16) $\dfrac{5}{6} = \dfrac{}{48} = \dfrac{}{36}$

17) $\dfrac{1}{2} = \dfrac{6}{} = \dfrac{}{10}$

18) $\dfrac{1}{8} = \dfrac{3}{} = \dfrac{5}{}$

19) $\dfrac{3}{6} = \dfrac{9}{} = \dfrac{}{60}$

20) $\dfrac{1}{4} = \dfrac{7}{} = \dfrac{10}{}$

1) $\dfrac{1}{4} = \dfrac{8}{} = \dfrac{}{12}$

2) $\dfrac{3}{4} = \dfrac{}{32} = \dfrac{}{16}$

3) $\dfrac{1}{6} = \dfrac{}{18} = \dfrac{10}{}$

4) $\dfrac{7}{8} = \dfrac{42}{} = \dfrac{63}{}$

5) $\dfrac{1}{2} = \dfrac{}{12} = \dfrac{8}{}$

6) $\dfrac{1}{2} = \dfrac{4}{} = \dfrac{8}{}$

7) $\dfrac{1}{4} = \dfrac{}{32} = \dfrac{}{24}$

8) $\dfrac{3}{8} = \dfrac{15}{} = \dfrac{9}{}$

9) $\dfrac{1}{6} = \dfrac{10}{} = \dfrac{}{18}$

10) $\dfrac{5}{6} = \dfrac{}{30} = \dfrac{30}{}$

11) $\dfrac{1}{2} = \dfrac{2}{} = \dfrac{8}{}$

12) $\dfrac{1}{4} = \dfrac{}{28} = \dfrac{}{12}$

13) $\dfrac{7}{8} = \dfrac{14}{} = \dfrac{}{24}$

14) $\dfrac{4}{8} = \dfrac{8}{} = \dfrac{36}{}$

15) $\dfrac{3}{6} = \dfrac{}{24} = \dfrac{15}{}$

16) $\dfrac{1}{4} = \dfrac{}{28} = \dfrac{}{20}$

17) $\dfrac{1}{2} = \dfrac{9}{} = \dfrac{7}{}$

18) $\dfrac{1}{4} = \dfrac{}{40} = \dfrac{5}{}$

19) $\dfrac{5}{8} = \dfrac{}{48} = \dfrac{40}{}$

20) $\dfrac{5}{6} = \dfrac{30}{} = \dfrac{40}{}$

EMMA.SCHOOL   Page 16   **EQUIVALENT**

1) $\dfrac{2}{8} = \dfrac{4}{} = \dfrac{}{32}$ 2) $\dfrac{1}{2} = \dfrac{8}{} = \dfrac{9}{}$

3) $\dfrac{3}{6} = \dfrac{}{24} = \dfrac{}{12}$ 4) $\dfrac{1}{4} = \dfrac{6}{} = \dfrac{2}{}$

5) $\dfrac{6}{8} = \dfrac{12}{} = \dfrac{}{24}$ 6) $\dfrac{4}{6} = \dfrac{8}{} = \dfrac{40}{}$

7) $\dfrac{7}{8} = \dfrac{70}{} = \dfrac{14}{}$ 8) $\dfrac{3}{4} = \dfrac{}{24} = \dfrac{}{40}$

9) $\dfrac{1}{2} = \dfrac{2}{} = \dfrac{}{10}$ 10) $\dfrac{2}{4} = \dfrac{}{40} = \dfrac{}{24}$

11) $\dfrac{4}{6} = \dfrac{16}{} = \dfrac{}{18}$ 12) $\dfrac{1}{2} = \dfrac{4}{} = \dfrac{}{20}$

13) $\dfrac{7}{8} = \dfrac{}{16} = \dfrac{}{24}$ 14) $\dfrac{1}{2} = \dfrac{}{12} = \dfrac{}{20}$

15) $\dfrac{3}{4} = \dfrac{}{24} = \dfrac{}{32}$ 16) $\dfrac{1}{8} = \dfrac{}{56} = \dfrac{9}{}$

17) $\dfrac{1}{6} = \dfrac{}{42} = \dfrac{}{60}$ 18) $\dfrac{2}{6} = \dfrac{6}{} = \dfrac{10}{}$

19) $\dfrac{1}{2} = \dfrac{}{18} = \dfrac{}{14}$ 20) $\dfrac{1}{8} = \dfrac{7}{} = \dfrac{6}{}$

EQUIVALENT — Page 17

1) $\dfrac{3}{8} = \dfrac{}{48} = \dfrac{}{40}$

2) $\dfrac{1}{4} = \dfrac{6}{} = \dfrac{5}{}$

3) $\dfrac{3}{6} = \dfrac{}{48} = \dfrac{12}{}$

4) $\dfrac{1}{2} = \dfrac{7}{} = \dfrac{}{6}$

5) $\dfrac{7}{8} = \dfrac{}{32} = \dfrac{}{72}$

6) $\dfrac{2}{4} = \dfrac{4}{} = \dfrac{6}{}$

7) $\dfrac{1}{2} = \dfrac{4}{} = \dfrac{10}{}$

8) $\dfrac{2}{6} = \dfrac{}{18} = \dfrac{12}{}$

9) $\dfrac{2}{8} = \dfrac{}{24} = \dfrac{}{32}$

10) $\dfrac{2}{8} = \dfrac{}{16} = \dfrac{}{64}$

11) $\dfrac{3}{4} = \dfrac{24}{} = \dfrac{}{12}$

12) $\dfrac{1}{6} = \dfrac{}{54} = \dfrac{}{30}$

13) $\dfrac{1}{2} = \dfrac{10}{} = \dfrac{}{12}$

14) $\dfrac{4}{6} = \dfrac{40}{} = \dfrac{20}{}$

15) $\dfrac{2}{4} = \dfrac{}{32} = \dfrac{}{28}$

16) $\dfrac{5}{8} = \dfrac{}{72} = \dfrac{}{32}$

17) $\dfrac{1}{2} = \dfrac{}{18} = \dfrac{3}{}$

18) $\dfrac{1}{2} = \dfrac{6}{} = \dfrac{2}{}$

19) $\dfrac{3}{4} = \dfrac{27}{} = \dfrac{30}{}$

20) $\dfrac{7}{8} = \dfrac{14}{} = \dfrac{70}{}$

EQUIVALENT

1) $\dfrac{7}{8} = \dfrac{14}{} = \dfrac{63}{}$

2) $\dfrac{1}{2} = \dfrac{2}{} = \dfrac{}{16}$

3) $\dfrac{3}{4} = \dfrac{6}{} = \dfrac{}{24}$

4) $\dfrac{4}{6} = \dfrac{40}{} = \dfrac{}{42}$

5) $\dfrac{2}{8} = \dfrac{14}{} = \dfrac{18}{}$

6) $\dfrac{4}{6} = \dfrac{}{48} = \dfrac{16}{}$

7) $\dfrac{2}{8} = \dfrac{8}{} = \dfrac{}{48}$

8) $\dfrac{1}{2} = \dfrac{}{6} = \dfrac{}{8}$

9) $\dfrac{2}{4} = \dfrac{18}{} = \dfrac{4}{}$

10) $\dfrac{3}{4} = \dfrac{}{12} = \dfrac{}{24}$

11) $\dfrac{3}{6} = \dfrac{18}{} = \dfrac{}{48}$

12) $\dfrac{1}{2} = \dfrac{8}{} = \dfrac{}{8}$

13) $\dfrac{7}{8} = \dfrac{14}{} = \dfrac{}{80}$

14) $\dfrac{1}{6} = \dfrac{}{24} = \dfrac{}{18}$

15) $\dfrac{2}{4} = \dfrac{4}{} = \dfrac{16}{}$

16) $\dfrac{1}{2} = \dfrac{}{16} = \dfrac{10}{}$

17) $\dfrac{5}{8} = \dfrac{20}{} = \dfrac{40}{}$

18) $\dfrac{6}{8} = \dfrac{18}{} = \dfrac{36}{}$

19) $\dfrac{1}{6} = \dfrac{}{30} = \dfrac{}{24}$

20) $\dfrac{1}{2} = \dfrac{}{12} = \dfrac{9}{}$

EQUIVALENT

1) $\frac{1}{6} = \frac{5}{} = \frac{}{18}$

2) $\frac{3}{6} = \frac{}{42} = \frac{}{36}$

3) $\frac{1}{2} = \frac{}{10} = \frac{8}{}$

4) $\frac{2}{4} = \frac{12}{} = \frac{4}{}$

5) $\frac{2}{8} = \frac{6}{} = \frac{18}{}$

6) $\frac{2}{8} = \frac{}{72} = \frac{4}{}$

7) $\frac{1}{2} = \frac{}{8} = \frac{10}{}$

8) $\frac{1}{6} = \frac{}{48} = \frac{}{18}$

9) $\frac{3}{4} = \frac{9}{} = \frac{}{8}$

10) $\frac{2}{4} = \frac{10}{} = \frac{8}{}$

11) $\frac{5}{8} = \frac{40}{} = \frac{}{80}$

12) $\frac{1}{2} = \frac{7}{} = \frac{}{4}$

13) $\frac{1}{6} = \frac{}{30} = \frac{}{12}$

14) $\frac{5}{6} = \frac{}{30} = \frac{35}{}$

15) $\frac{1}{2} = \frac{}{6} = \frac{}{18}$

16) $\frac{1}{8} = \frac{4}{} = \frac{10}{}$

17) $\frac{2}{4} = \frac{}{32} = \frac{}{28}$

18) $\frac{3}{6} = \frac{30}{} = \frac{21}{}$

19) $\frac{2}{4} = \frac{20}{} = \frac{14}{}$

20) $\frac{1}{8} = \frac{}{48} = \frac{7}{}$

EMMA.SCHOOL					Page 20					EQUIVALENT

1) $\dfrac{1}{2} = \dfrac{}{10} = \dfrac{}{4}$ 2) $\dfrac{7}{8} = \dfrac{42}{} = \dfrac{63}{}$

3) $\dfrac{2}{6} = \dfrac{20}{} = \dfrac{}{42}$ 4) $\dfrac{2}{4} = \dfrac{20}{} = \dfrac{14}{}$

5) $\dfrac{1}{2} = \dfrac{9}{} = \dfrac{}{12}$ 6) $\dfrac{1}{2} = \dfrac{}{18} = \dfrac{}{6}$

7) $\dfrac{3}{4} = \dfrac{9}{} = \dfrac{6}{}$ 8) $\dfrac{5}{8} = \dfrac{20}{} = \dfrac{45}{}$

9) $\dfrac{3}{6} = \dfrac{24}{} = \dfrac{}{54}$ 10) $\dfrac{1}{4} = \dfrac{}{12} = \dfrac{8}{}$

11) $\dfrac{1}{2} = \dfrac{6}{} = \dfrac{10}{}$ 12) $\dfrac{3}{6} = \dfrac{30}{} = \dfrac{}{48}$

13) $\dfrac{5}{8} = \dfrac{}{56} = \dfrac{15}{}$ 14) $\dfrac{2}{6} = \dfrac{14}{} = \dfrac{6}{}$

15) $\dfrac{1}{2} = \dfrac{9}{} = \dfrac{7}{}$ 16) $\dfrac{3}{4} = \dfrac{}{40} = \dfrac{15}{}$

17) $\dfrac{7}{8} = \dfrac{21}{} = \dfrac{}{64}$ 18) $\dfrac{1}{2} = \dfrac{7}{} = \dfrac{}{18}$

19) $\dfrac{5}{6} = \dfrac{}{42} = \dfrac{}{12}$ 20) $\dfrac{5}{8} = \dfrac{40}{} = \dfrac{}{24}$

COMPARING FRACTIONS

1) $\dfrac{3}{5}$ ...... $\dfrac{2}{5}$ 2) $\dfrac{4}{10}$ ...... $\dfrac{9}{10}$ 3) $\dfrac{3}{12}$ ...... $\dfrac{4}{12}$

4) $\dfrac{3}{4}$ ...... $\dfrac{1}{4}$ 5) $\dfrac{3}{7}$ ...... $\dfrac{1}{7}$ 6) $\dfrac{3}{5}$ ...... $\dfrac{4}{5}$

7) $\dfrac{1}{3}$ ...... $\dfrac{2}{3}$ 8) $\dfrac{3}{6}$ ...... $\dfrac{5}{6}$ 9) $\dfrac{6}{9}$ ...... $\dfrac{3}{9}$

10) $\dfrac{6}{8}$ ...... $\dfrac{7}{8}$ 11) $\dfrac{1}{2}$ ...... $\dfrac{1}{2}$ 12) $\dfrac{2}{4}$ ...... $\dfrac{1}{4}$

13) $\dfrac{4}{10}$ ...... $\dfrac{4}{10}$ 14) $\dfrac{6}{12}$ ...... $\dfrac{10}{12}$ 15) $\dfrac{2}{3}$ ...... $\dfrac{1}{3}$

16) $\dfrac{3}{8}$ ...... $\dfrac{7}{8}$ 17) $\dfrac{1}{5}$ ...... $\dfrac{2}{5}$ 18) $\dfrac{2}{6}$ ...... $\dfrac{4}{6}$

COMPARE

1) $\dfrac{4}{6}$ .... $\dfrac{4}{6}$
2) $\dfrac{4}{7}$ .... $\dfrac{6}{7}$
3) $\dfrac{3}{4}$ .... $\dfrac{1}{4}$

4) $\dfrac{3}{6}$ .... $\dfrac{4}{6}$
5) $\dfrac{2}{8}$ .... $\dfrac{5}{8}$
6) $\dfrac{2}{5}$ .... $\dfrac{2}{5}$

7) $\dfrac{1}{2}$ .... $\dfrac{1}{2}$
8) $\dfrac{6}{12}$ .... $\dfrac{8}{12}$
9) $\dfrac{6}{7}$ .... $\dfrac{4}{7}$

10) $\dfrac{1}{10}$ .... $\dfrac{3}{10}$
11) $\dfrac{1}{3}$ .... $\dfrac{2}{3}$
12) $\dfrac{5}{9}$ .... $\dfrac{5}{9}$

13) $\dfrac{6}{7}$ .... $\dfrac{5}{7}$
14) $\dfrac{1}{4}$ .... $\dfrac{3}{4}$
15) $\dfrac{11}{12}$ .... $\dfrac{6}{12}$

16) $\dfrac{5}{6}$ .... $\dfrac{1}{6}$
17) $\dfrac{2}{5}$ .... $\dfrac{4}{5}$
18) $\dfrac{9}{10}$ .... $\dfrac{5}{10}$

COMPARE

1) $\frac{4}{6}$ ...... $\frac{2}{6}$ 2) $\frac{3}{7}$ ...... $\frac{2}{7}$ 3) $\frac{4}{12}$ ...... $\frac{4}{12}$

4) $\frac{2}{4}$ ...... $\frac{1}{4}$ 5) $\frac{2}{5}$ ...... $\frac{1}{5}$ 6) $\frac{1}{3}$ ...... $\frac{2}{3}$

7) $\frac{1}{10}$ ...... $\frac{3}{10}$ 8) $\frac{1}{6}$ ...... $\frac{5}{6}$ 9) $\frac{5}{7}$ ...... $\frac{6}{7}$

10) $\frac{7}{9}$ ...... $\frac{6}{9}$ 11) $\frac{6}{12}$ ...... $\frac{4}{12}$ 12) $\frac{4}{8}$ ...... $\frac{1}{8}$

13) $\frac{1}{2}$ ...... $\frac{1}{2}$ 14) $\frac{10}{12}$ ...... $\frac{9}{12}$ 15) $\frac{1}{5}$ ...... $\frac{4}{5}$

16) $\frac{6}{9}$ ...... $\frac{1}{9}$ 17) $\frac{2}{6}$ ...... $\frac{2}{6}$ 18) $\frac{4}{7}$ ...... $\frac{1}{7}$

COMPARE

1) $\dfrac{1}{9}$ ...... $\dfrac{5}{9}$ 2) $\dfrac{5}{10}$ ...... $\dfrac{8}{10}$ 3) $\dfrac{1}{3}$ ...... $\dfrac{1}{3}$

4) $\dfrac{1}{2}$ ...... $\dfrac{1}{2}$ 5) $\dfrac{4}{5}$ ...... $\dfrac{3}{5}$ 6) $\dfrac{3}{8}$ ...... $\dfrac{6}{8}$

7) $\dfrac{11}{12}$ ...... $\dfrac{8}{12}$ 8) $\dfrac{5}{9}$ ...... $\dfrac{8}{9}$ 9) $\dfrac{6}{10}$ ...... $\dfrac{7}{10}$

10) $\dfrac{2}{3}$ ...... $\dfrac{1}{3}$ 11) $\dfrac{5}{6}$ ...... $\dfrac{4}{6}$ 12) $\dfrac{2}{4}$ ...... $\dfrac{2}{4}$

13) $\dfrac{3}{5}$ ...... $\dfrac{2}{5}$ 14) $\dfrac{1}{7}$ ...... $\dfrac{3}{7}$ 15) $\dfrac{3}{4}$ ...... $\dfrac{1}{4}$

16) $\dfrac{3}{12}$ ...... $\dfrac{6}{12}$ 17) $\dfrac{2}{8}$ ...... $\dfrac{4}{8}$ 18) $\dfrac{4}{9}$ ...... $\dfrac{6}{9}$

COMPARE

1) $\dfrac{1}{5}$ ...... $\dfrac{1}{5}$
2) $\dfrac{1}{3}$ ...... $\dfrac{2}{3}$
3) $\dfrac{5}{8}$ ...... $\dfrac{1}{8}$

4) $\dfrac{5}{9}$ ...... $\dfrac{1}{9}$
5) $\dfrac{3}{7}$ ...... $\dfrac{4}{7}$
6) $\dfrac{1}{6}$ ...... $\dfrac{3}{6}$

7) $\dfrac{2}{4}$ ...... $\dfrac{3}{4}$
8) $\dfrac{1}{7}$ ...... $\dfrac{2}{7}$
9) $\dfrac{4}{8}$ ...... $\dfrac{4}{8}$

10) $\dfrac{6}{9}$ ...... $\dfrac{3}{9}$
11) $\dfrac{1}{5}$ ...... $\dfrac{2}{5}$
12) $\dfrac{11}{12}$ ...... $\dfrac{8}{12}$

13) $\dfrac{3}{10}$ ...... $\dfrac{8}{10}$
14) $\dfrac{4}{6}$ ...... $\dfrac{3}{6}$
15) $\dfrac{5}{6}$ ...... $\dfrac{5}{6}$

16) $\dfrac{1}{4}$ ...... $\dfrac{3}{4}$
17) $\dfrac{1}{2}$ ...... $\dfrac{1}{2}$
18) $\dfrac{4}{8}$ ...... $\dfrac{6}{8}$

COMPARE

1) $\frac{1}{2}$ ...... $\frac{1}{2}$
2) $\frac{1}{4}$ ...... $\frac{3}{4}$
3) $\frac{5}{7}$ ...... $\frac{4}{7}$

4) $\frac{4}{5}$ ...... $\frac{2}{5}$
5) $\frac{6}{9}$ ...... $\frac{7}{9}$
6) $\frac{3}{6}$ ...... $\frac{5}{6}$

7) $\frac{2}{3}$ ...... $\frac{1}{3}$
8) $\frac{4}{6}$ ...... $\frac{1}{6}$
9) $\frac{2}{5}$ ...... $\frac{3}{5}$

10) $\frac{8}{9}$ ...... $\frac{8}{9}$
11) $\frac{1}{7}$ ...... $\frac{6}{7}$
12) $\frac{1}{8}$ ...... $\frac{3}{8}$

13) $\frac{5}{10}$ ...... $\frac{6}{10}$
14) $\frac{2}{4}$ ...... $\frac{1}{4}$
15) $\frac{4}{12}$ ...... $\frac{2}{12}$

16) $\frac{6}{7}$ ...... $\frac{1}{7}$
17) $\frac{3}{8}$ ...... $\frac{1}{8}$
18) $\frac{3}{5}$ ...... $\frac{4}{5}$

COMPARE

1) $\dfrac{4}{5}$ ____ $\dfrac{3}{5}$
2) $\dfrac{11}{12}$ ____ $\dfrac{10}{12}$
3) $\dfrac{1}{9}$ ____ $\dfrac{5}{9}$

4) $\dfrac{2}{7}$ ____ $\dfrac{2}{7}$
5) $\dfrac{3}{4}$ ____ $\dfrac{1}{4}$
6) $\dfrac{2}{6}$ ____ $\dfrac{4}{6}$

7) $\dfrac{1}{2}$ ____ $\dfrac{1}{2}$
8) $\dfrac{7}{8}$ ____ $\dfrac{4}{8}$
9) $\dfrac{3}{4}$ ____ $\dfrac{3}{4}$

10) $\dfrac{1}{5}$ ____ $\dfrac{3}{5}$
11) $\dfrac{4}{10}$ ____ $\dfrac{2}{10}$
12) $\dfrac{11}{12}$ ____ $\dfrac{3}{12}$

13) $\dfrac{1}{3}$ ____ $\dfrac{2}{3}$
14) $\dfrac{6}{7}$ ____ $\dfrac{3}{7}$
15) $\dfrac{2}{9}$ ____ $\dfrac{2}{9}$

16) $\dfrac{1}{6}$ ____ $\dfrac{4}{6}$
17) $\dfrac{7}{12}$ ____ $\dfrac{7}{12}$
18) $\dfrac{1}{7}$ ____ $\dfrac{4}{7}$

COMPARE

1) $\dfrac{4}{7}$ ...... $\dfrac{3}{7}$ 2) $\dfrac{1}{9}$ ...... $\dfrac{2}{9}$ 3) $\dfrac{3}{5}$ ...... $\dfrac{3}{5}$

4) $\dfrac{4}{10}$ ...... $\dfrac{1}{10}$ 5) $\dfrac{1}{2}$ ...... $\dfrac{1}{2}$ 6) $\dfrac{3}{4}$ ...... $\dfrac{1}{4}$

7) $\dfrac{9}{12}$ ...... $\dfrac{5}{12}$ 8) $\dfrac{1}{3}$ ...... $\dfrac{2}{3}$ 9) $\dfrac{2}{3}$ ...... $\dfrac{2}{3}$

10) $\dfrac{4}{5}$ ...... $\dfrac{1}{5}$ 11) $\dfrac{2}{10}$ ...... $\dfrac{6}{10}$ 12) $\dfrac{4}{7}$ ...... $\dfrac{1}{7}$

13) $\dfrac{5}{8}$ ...... $\dfrac{6}{8}$ 14) $\dfrac{11}{12}$ ...... $\dfrac{3}{12}$ 15) $\dfrac{4}{6}$ ...... $\dfrac{2}{6}$

16) $\dfrac{2}{7}$ ...... $\dfrac{4}{7}$ 17) $\dfrac{3}{4}$ ...... $\dfrac{3}{4}$ 18) $\dfrac{3}{10}$ ...... $\dfrac{4}{10}$

COMPARE

1) $\dfrac{3}{7}$ ...... $\dfrac{2}{7}$

2) $\dfrac{1}{2}$ ...... $\dfrac{1}{2}$

3) $\dfrac{2}{3}$ ...... $\dfrac{1}{3}$

4) $\dfrac{7}{12}$ ...... $\dfrac{9}{12}$

5) $\dfrac{2}{4}$ ...... $\dfrac{2}{4}$

6) $\dfrac{1}{6}$ ...... $\dfrac{5}{6}$

7) $\dfrac{4}{8}$ ...... $\dfrac{6}{8}$

8) $\dfrac{11}{12}$ ...... $\dfrac{11}{12}$

9) $\dfrac{5}{10}$ ...... $\dfrac{9}{10}$

10) $\dfrac{2}{8}$ ...... $\dfrac{6}{8}$

11) $\dfrac{3}{9}$ ...... $\dfrac{8}{9}$

12) $\dfrac{2}{5}$ ...... $\dfrac{2}{5}$

13) $\dfrac{1}{4}$ ...... $\dfrac{3}{4}$

14) $\dfrac{6}{7}$ ...... $\dfrac{2}{7}$

15) $\dfrac{1}{6}$ ...... $\dfrac{4}{6}$

16) $\dfrac{6}{7}$ ...... $\dfrac{5}{7}$

17) $\dfrac{5}{8}$ ...... $\dfrac{3}{8}$

18) $\dfrac{3}{6}$ ...... $\dfrac{5}{6}$

COMPARE

1) $\dfrac{3}{10}$ ..... $\dfrac{1}{10}$ 2) $\dfrac{3}{7}$ ..... $\dfrac{6}{7}$ 3) $\dfrac{3}{4}$ ..... $\dfrac{2}{4}$

4) $\dfrac{7}{9}$ ..... $\dfrac{5}{9}$ 5) $\dfrac{1}{2}$ ..... $\dfrac{1}{2}$ 6) $\dfrac{2}{6}$ ..... $\dfrac{1}{6}$

7) $\dfrac{4}{12}$ ..... $\dfrac{7}{12}$ 8) $\dfrac{3}{4}$ ..... $\dfrac{3}{4}$ 9) $\dfrac{7}{12}$ ..... $\dfrac{5}{12}$

10) $\dfrac{1}{3}$ ..... $\dfrac{1}{3}$ 11) $\dfrac{2}{5}$ ..... $\dfrac{3}{5}$ 12) $\dfrac{1}{9}$ ..... $\dfrac{3}{9}$

13) $\dfrac{3}{6}$ ..... $\dfrac{5}{6}$ 14) $\dfrac{4}{7}$ ..... $\dfrac{5}{7}$ 15) $\dfrac{5}{10}$ ..... $\dfrac{6}{10}$

16) $\dfrac{2}{8}$ ..... $\dfrac{2}{8}$ 17) $\dfrac{1}{7}$ ..... $\dfrac{2}{7}$ 18) $\dfrac{4}{6}$ ..... $\dfrac{2}{6}$

COMPARE

1) $\dfrac{3}{8}$ ...... $\dfrac{1}{2}$ 2) $\dfrac{3}{4}$ ...... $\dfrac{1}{2}$ 3) $\dfrac{6}{8}$ ...... $\dfrac{3}{4}$

4) $\dfrac{1}{4}$ ...... $\dfrac{1}{2}$ 5) $\dfrac{1}{8}$ ...... $\dfrac{2}{4}$ 6) $\dfrac{1}{2}$ ...... $\dfrac{5}{8}$

7) $\dfrac{1}{2}$ ...... $\dfrac{3}{8}$ 8) $\dfrac{2}{4}$ ...... $\dfrac{1}{8}$ 9) $\dfrac{6}{8}$ ...... $\dfrac{1}{4}$

10) $\dfrac{1}{2}$ ...... $\dfrac{1}{4}$ 11) $\dfrac{2}{8}$ ...... $\dfrac{1}{2}$ 12) $\dfrac{4}{8}$ ...... $\dfrac{1}{4}$

13) $\dfrac{3}{4}$ ...... $\dfrac{1}{8}$ 14) $\dfrac{1}{2}$ ...... $\dfrac{1}{8}$ 15) $\dfrac{1}{2}$ ...... $\dfrac{2}{4}$

16) $\dfrac{1}{4}$ ...... $\dfrac{1}{8}$ 17) $\dfrac{1}{8}$ ...... $\dfrac{1}{4}$ 18) $\dfrac{1}{2}$ ...... $\dfrac{3}{4}$

COMPARE

1) $\dfrac{1}{8}$ ...... $\dfrac{3}{4}$ 2) $\dfrac{6}{8}$ ...... $\dfrac{3}{4}$ 3) $\dfrac{1}{2}$ ...... $\dfrac{4}{8}$

4) $\dfrac{1}{4}$ ...... $\dfrac{1}{2}$ 5) $\dfrac{1}{2}$ ...... $\dfrac{2}{4}$ 6) $\dfrac{7}{8}$ ...... $\dfrac{3}{8}$

7) $\dfrac{2}{4}$ ...... $\dfrac{1}{2}$ 8) $\dfrac{1}{2}$ ...... $\dfrac{3}{4}$ 9) $\dfrac{1}{2}$ ...... $\dfrac{3}{8}$

10) $\dfrac{6}{8}$ ...... $\dfrac{1}{2}$ 11) $\dfrac{2}{4}$ ...... $\dfrac{1}{4}$ 12) $\dfrac{3}{4}$ ...... $\dfrac{1}{2}$

13) $\dfrac{2}{8}$ ...... $\dfrac{1}{2}$ 14) $\dfrac{2}{8}$ ...... $\dfrac{3}{4}$ 15) $\dfrac{3}{8}$ ...... $\dfrac{5}{8}$

16) $\dfrac{1}{2}$ ...... $\dfrac{1}{8}$ 17) $\dfrac{2}{4}$ ...... $\dfrac{7}{8}$ 18) $\dfrac{1}{2}$ ...... $\dfrac{1}{4}$

COMPARE

1) $\dfrac{1}{2}$ .... $\dfrac{2}{8}$ 2) $\dfrac{3}{4}$ .... $\dfrac{2}{4}$ 3) $\dfrac{3}{8}$ .... $\dfrac{1}{2}$

4) $\dfrac{1}{4}$ .... $\dfrac{7}{8}$ 5) $\dfrac{1}{2}$ .... $\dfrac{1}{4}$ 6) $\dfrac{1}{8}$ .... $\dfrac{1}{2}$

7) $\dfrac{7}{8}$ .... $\dfrac{1}{2}$ 8) $\dfrac{1}{4}$ .... $\dfrac{1}{2}$ 9) $\dfrac{3}{4}$ .... $\dfrac{3}{8}$

10) $\dfrac{1}{2}$ .... $\dfrac{2}{4}$ 11) $\dfrac{6}{8}$ .... $\dfrac{1}{4}$ 12) $\dfrac{1}{2}$ .... $\dfrac{7}{8}$

13) $\dfrac{1}{2}$ .... $\dfrac{6}{8}$ 14) $\dfrac{1}{4}$ .... $\dfrac{1}{8}$ 15) $\dfrac{2}{8}$ .... $\dfrac{1}{2}$

16) $\dfrac{1}{4}$ .... $\dfrac{3}{4}$ 17) $\dfrac{1}{4}$ .... $\dfrac{3}{8}$ 18) $\dfrac{1}{2}$ .... $\dfrac{3}{8}$

COMPARE

1) $\dfrac{1}{2}$ ...... $\dfrac{6}{8}$
2) $\dfrac{1}{2}$ ...... $\dfrac{2}{4}$
3) $\dfrac{3}{8}$ ...... $\dfrac{3}{4}$

4) $\dfrac{1}{2}$ ...... $\dfrac{2}{8}$
5) $\dfrac{3}{8}$ ...... $\dfrac{1}{4}$
6) $\dfrac{1}{2}$ ...... $\dfrac{1}{2}$

7) $\dfrac{6}{8}$ ...... $\dfrac{3}{4}$
8) $\dfrac{2}{4}$ ...... $\dfrac{5}{8}$
9) $\dfrac{1}{2}$ ...... $\dfrac{4}{8}$

10) $\dfrac{1}{2}$ ...... $\dfrac{3}{4}$
11) $\dfrac{2}{8}$ ...... $\dfrac{1}{2}$
12) $\dfrac{6}{8}$ ...... $\dfrac{2}{4}$

13) $\dfrac{5}{8}$ ...... $\dfrac{1}{2}$
14) $\dfrac{1}{4}$ ...... $\dfrac{3}{8}$
15) $\dfrac{6}{8}$ ...... $\dfrac{1}{2}$

16) $\dfrac{3}{4}$ ...... $\dfrac{1}{2}$
17) $\dfrac{1}{8}$ ...... $\dfrac{3}{8}$
18) $\dfrac{7}{8}$ ...... $\dfrac{1}{4}$

COMPARE

1) $\dfrac{1}{2}$ ...... $\dfrac{1}{2}$ 2) $\dfrac{6}{8}$ ...... $\dfrac{2}{4}$ 3) $\dfrac{3}{4}$ ...... $\dfrac{7}{8}$

4) $\dfrac{1}{2}$ ...... $\dfrac{3}{4}$ 5) $\dfrac{1}{2}$ ...... $\dfrac{3}{8}$ 6) $\dfrac{3}{8}$ ...... $\dfrac{1}{2}$

7) $\dfrac{2}{4}$ ...... $\dfrac{1}{2}$ 8) $\dfrac{3}{8}$ ...... $\dfrac{2}{4}$ 9) $\dfrac{2}{4}$ ...... $\dfrac{4}{8}$

10) $\dfrac{1}{2}$ ...... $\dfrac{2}{4}$ 11) $\dfrac{7}{8}$ ...... $\dfrac{1}{2}$ 12) $\dfrac{6}{8}$ ...... $\dfrac{1}{2}$

13) $\dfrac{4}{8}$ ...... $\dfrac{2}{4}$ 14) $\dfrac{1}{2}$ ...... $\dfrac{1}{4}$ 15) $\dfrac{3}{8}$ ...... $\dfrac{1}{4}$

16) $\dfrac{3}{4}$ ...... $\dfrac{1}{2}$ 17) $\dfrac{7}{8}$ ...... $\dfrac{2}{4}$ 18) $\dfrac{1}{2}$ ...... $\dfrac{5}{8}$

COMPARE

1) $\frac{2}{5}$ ...... $\frac{9}{15}$ 2) $\frac{4}{5}$ ...... $\frac{2}{15}$ 3) $\frac{4}{10}$ ...... $\frac{2}{10}$

4) $\frac{3}{5}$ ...... $\frac{3}{15}$ 5) $\frac{1}{10}$ ...... $\frac{13}{15}$ 6) $\frac{1}{5}$ ...... $\frac{2}{10}$

7) $\frac{1}{15}$ ...... $\frac{9}{10}$ 8) $\frac{1}{5}$ ...... $\frac{4}{5}$ 9) $\frac{8}{10}$ ...... $\frac{12}{15}$

10) $\frac{3}{5}$ ...... $\frac{5}{15}$ 11) $\frac{6}{10}$ ...... $\frac{4}{15}$ 12) $\frac{1}{10}$ ...... $\frac{3}{5}$

13) $\frac{1}{5}$ ...... $\frac{14}{15}$ 14) $\frac{4}{5}$ ...... $\frac{9}{10}$ 15) $\frac{2}{5}$ ...... $\frac{1}{10}$

16) $\frac{6}{15}$ ...... $\frac{9}{15}$ 17) $\frac{3}{5}$ ...... $\frac{4}{10}$ 18) $\frac{10}{15}$ ...... $\frac{3}{5}$

Page 37 — COMPARE

1) $\dfrac{1}{10}$ ...... $\dfrac{11}{15}$
2) $\dfrac{3}{5}$ ...... $\dfrac{1}{10}$
3) $\dfrac{2}{5}$ ...... $\dfrac{1}{15}$

4) $\dfrac{4}{10}$ ...... $\dfrac{3}{5}$
5) $\dfrac{11}{15}$ ...... $\dfrac{8}{10}$
6) $\dfrac{6}{15}$ ...... $\dfrac{4}{5}$

7) $\dfrac{6}{10}$ ...... $\dfrac{4}{5}$
8) $\dfrac{2}{10}$ ...... $\dfrac{5}{15}$
9) $\dfrac{6}{10}$ ...... $\dfrac{4}{15}$

10) $\dfrac{3}{5}$ ...... $\dfrac{4}{15}$
11) $\dfrac{8}{10}$ ...... $\dfrac{4}{5}$
12) $\dfrac{9}{10}$ ...... $\dfrac{10}{15}$

13) $\dfrac{2}{5}$ ...... $\dfrac{2}{5}$
14) $\dfrac{2}{15}$ ...... $\dfrac{1}{10}$
15) $\dfrac{2}{15}$ ...... $\dfrac{4}{5}$

16) $\dfrac{7}{10}$ ...... $\dfrac{1}{15}$
17) $\dfrac{1}{5}$ ...... $\dfrac{7}{10}$
18) $\dfrac{14}{15}$ ...... $\dfrac{3}{5}$

COMPARE

1) $\dfrac{6}{10}$ ...... $\dfrac{2}{5}$ 2) $\dfrac{4}{10}$ ...... $\dfrac{5}{15}$ 3) $\dfrac{4}{10}$ ...... $\dfrac{4}{5}$

4) $\dfrac{8}{15}$ ...... $\dfrac{4}{15}$ 5) $\dfrac{12}{15}$ ...... $\dfrac{3}{5}$ 6) $\dfrac{4}{10}$ ...... $\dfrac{8}{15}$

7) $\dfrac{3}{5}$ ...... $\dfrac{3}{10}$ 8) $\dfrac{7}{10}$ ...... $\dfrac{3}{15}$ 9) $\dfrac{2}{5}$ ...... $\dfrac{4}{15}$

10) $\dfrac{5}{10}$ ...... $\dfrac{4}{5}$ 11) $\dfrac{5}{10}$ ...... $\dfrac{9}{15}$ 12) $\dfrac{1}{5}$ ...... $\dfrac{5}{10}$

13) $\dfrac{3}{5}$ ...... $\dfrac{6}{15}$ 14) $\dfrac{2}{15}$ ...... $\dfrac{1}{5}$ 15) $\dfrac{6}{10}$ ...... $\dfrac{6}{10}$

16) $\dfrac{1}{5}$ ...... $\dfrac{9}{15}$ 17) $\dfrac{14}{15}$ ...... $\dfrac{3}{10}$ 18) $\dfrac{3}{5}$ ...... $\dfrac{13}{15}$

EMMA.SCHOOL — Page 39 — COMPARE

1) $\dfrac{5}{10}$ ...... $\dfrac{1}{15}$ 2) $\dfrac{3}{10}$ ...... $\dfrac{2}{5}$ 3) $\dfrac{8}{15}$ ...... $\dfrac{1}{10}$

4) $\dfrac{3}{5}$ ...... $\dfrac{6}{15}$ 5) $\dfrac{8}{10}$ ...... $\dfrac{1}{15}$ 6) $\dfrac{1}{5}$ ...... $\dfrac{11}{15}$

7) $\dfrac{1}{10}$ ...... $\dfrac{1}{5}$ 8) $\dfrac{2}{10}$ ...... $\dfrac{1}{5}$ 9) $\dfrac{12}{15}$ ...... $\dfrac{9}{15}$

10) $\dfrac{2}{5}$ ...... $\dfrac{3}{10}$ 11) $\dfrac{2}{5}$ ...... $\dfrac{13}{15}$ 12) $\dfrac{2}{10}$ ...... $\dfrac{7}{10}$

13) $\dfrac{6}{15}$ ...... $\dfrac{1}{5}$ 14) $\dfrac{4}{15}$ ...... $\dfrac{6}{10}$ 15) $\dfrac{1}{5}$ ...... $\dfrac{8}{15}$

16) $\dfrac{7}{10}$ ...... $\dfrac{3}{5}$ 17) $\dfrac{10}{15}$ ...... $\dfrac{4}{5}$ 18) $\dfrac{9}{10}$ ...... $\dfrac{13}{15}$

1) $\dfrac{5}{10}$ ...... $\dfrac{4}{5}$ 2) $\dfrac{9}{15}$ ...... $\dfrac{14}{15}$ 3) $\dfrac{4}{5}$ ...... $\dfrac{8}{10}$

4) $\dfrac{10}{15}$ ...... $\dfrac{2}{5}$ 5) $\dfrac{9}{10}$ ...... $\dfrac{3}{5}$ 6) $\dfrac{8}{10}$ ...... $\dfrac{1}{15}$

7) $\dfrac{8}{10}$ ...... $\dfrac{10}{15}$ 8) $\dfrac{3}{5}$ ...... $\dfrac{4}{10}$ 9) $\dfrac{2}{5}$ ...... $\dfrac{2}{15}$

10) $\dfrac{12}{15}$ ...... $\dfrac{3}{5}$ 11) $\dfrac{8}{10}$ ...... $\dfrac{3}{10}$ 12) $\dfrac{1}{5}$ ...... $\dfrac{7}{15}$

13) $\dfrac{1}{5}$ ...... $\dfrac{7}{10}$ 14) $\dfrac{2}{15}$ ...... $\dfrac{9}{10}$ 15) $\dfrac{4}{5}$ ...... $\dfrac{3}{15}$

16) $\dfrac{1}{5}$ ...... $\dfrac{4}{10}$ 17) $\dfrac{6}{15}$ ...... $\dfrac{3}{5}$ 18) $\dfrac{5}{15}$ ...... $\dfrac{9}{10}$

ADD & SUB

ADD AND SUB

1) $\dfrac{2}{6} - \dfrac{1}{6} =$

2) $\dfrac{3}{8} - \dfrac{1}{8} =$

3) $\dfrac{3}{4} - \dfrac{1}{4} =$

4) $\dfrac{4}{6} + \dfrac{5}{6} =$

5) $\dfrac{2}{3} + \dfrac{1}{3} =$

6) $\dfrac{7}{8} - \dfrac{6}{8} =$

7) $\dfrac{1}{2} + \dfrac{1}{2} =$

8) $\dfrac{1}{4} + \dfrac{1}{4} =$

9) $\dfrac{6}{8} - \dfrac{1}{8} =$

10) $\dfrac{3}{4} + \dfrac{3}{4} =$

11) $\dfrac{5}{6} + \dfrac{1}{6} =$

12) $\dfrac{3}{4} - \dfrac{2}{4} =$

13) $\dfrac{2}{6} + \dfrac{1}{6} =$

14) $\dfrac{3}{6} + \dfrac{5}{6} =$

15) $\dfrac{2}{3} + \dfrac{2}{3} =$

16) $\dfrac{1}{8} + \dfrac{3}{8} =$

17) $\dfrac{5}{6} - \dfrac{1}{6} =$

18) $\dfrac{7}{8} + \dfrac{6}{8} =$

19) $\dfrac{2}{4} - \dfrac{1}{4} =$

20) $\dfrac{2}{3} - \dfrac{1}{3} =$

1) $\dfrac{3}{4} - \dfrac{2}{4} =$

2) $\dfrac{6}{8} - \dfrac{5}{8} =$

3) $\dfrac{4}{6} - \dfrac{2}{6} =$

4) $\dfrac{1}{2} + \dfrac{1}{2} =$

5) $\dfrac{2}{3} - \dfrac{1}{3} =$

6) $\dfrac{2}{4} - \dfrac{1}{4} =$

7) $\dfrac{6}{8} + \dfrac{4}{8} =$

8) $\dfrac{5}{6} + \dfrac{3}{6} =$

9) $\dfrac{1}{4} + \dfrac{3}{4} =$

10) $\dfrac{5}{6} + \dfrac{1}{6} =$

11) $\dfrac{5}{8} + \dfrac{5}{8} =$

12) $\dfrac{1}{3} + \dfrac{2}{3} =$

13) $\dfrac{5}{6} - \dfrac{4}{6} =$

14) $\dfrac{7}{8} - \dfrac{3}{8} =$

15) $\dfrac{3}{4} - \dfrac{1}{4} =$

16) $\dfrac{2}{8} + \dfrac{2}{8} =$

17) $\dfrac{1}{6} + \dfrac{2}{6} =$

18) $\dfrac{7}{8} - \dfrac{5}{8} =$

19) $\dfrac{1}{3} + \dfrac{1}{3} =$

20) $\dfrac{2}{4} + \dfrac{3}{4} =$

ADD AND SUB

1) $\frac{3}{6} - \frac{1}{6} =$

2) $\frac{3}{4} + \frac{3}{4} =$

3) $\frac{1}{2} + \frac{1}{2} =$

4) $\frac{2}{4} + \frac{1}{4} =$

5) $\frac{5}{8} - \frac{1}{8} =$

6) $\frac{5}{6} - \frac{4}{6} =$

7) $\frac{1}{3} + \frac{1}{3} =$

8) $\frac{3}{6} + \frac{4}{6} =$

9) $\frac{1}{3} + \frac{2}{3} =$

10) $\frac{6}{8} + \frac{6}{8} =$

11) $\frac{5}{6} - \frac{1}{6} =$

12) $\frac{7}{8} - \frac{6}{8} =$

13) $\frac{2}{3} - \frac{1}{3} =$

14) $\frac{4}{6} + \frac{5}{6} =$

15) $\frac{3}{4} - \frac{2}{4} =$

16) $\frac{7}{8} - \frac{5}{8} =$

17) $\frac{2}{3} + \frac{2}{3} =$

18) $\frac{2}{4} + \frac{3}{4} =$

19) $\frac{2}{8} + \frac{2}{8} =$

20) $\frac{4}{6} - \frac{3}{6} =$

ADD AND SUB

1) $\dfrac{3}{4} + \dfrac{2}{4} =$

2) $\dfrac{2}{3} - \dfrac{1}{3} =$

3) $\dfrac{5}{8} - \dfrac{4}{8} =$

4) $\dfrac{5}{6} - \dfrac{3}{6} =$

5) $\dfrac{3}{4} - \dfrac{1}{4} =$

6) $\dfrac{4}{6} - \dfrac{3}{6} =$

7) $\dfrac{5}{8} + \dfrac{3}{8} =$

8) $\dfrac{3}{6} - \dfrac{1}{6} =$

9) $\dfrac{7}{8} - \dfrac{6}{8} =$

10) $\dfrac{2}{3} + \dfrac{2}{3} =$

11) $\dfrac{2}{4} - \dfrac{1}{4} =$

12) $\dfrac{1}{2} + \dfrac{1}{2} =$

13) $\dfrac{7}{8} - \dfrac{1}{8} =$

14) $\dfrac{4}{6} - \dfrac{1}{6} =$

15) $\dfrac{5}{8} + \dfrac{5}{8} =$

16) $\dfrac{3}{4} + \dfrac{1}{4} =$

17) $\dfrac{3}{6} - \dfrac{2}{6} =$

18) $\dfrac{1}{8} + \dfrac{2}{8} =$

19) $\dfrac{4}{6} + \dfrac{5}{6} =$

20) $\dfrac{2}{4} + \dfrac{3}{4} =$

EMMA.SCHOOL — Page 45 — ADD AND SUB

1) $\dfrac{1}{2} + \dfrac{1}{2} =$

2) $\dfrac{1}{4} + \dfrac{1}{4} =$

3) $\dfrac{2}{3} - \dfrac{1}{3} =$

4) $\dfrac{2}{6} + \dfrac{2}{6} =$

5) $\dfrac{6}{8} - \dfrac{5}{8} =$

6) $\dfrac{1}{8} + \dfrac{7}{8} =$

7) $\dfrac{3}{6} + \dfrac{5}{6} =$

8) $\dfrac{3}{4} + \dfrac{2}{4} =$

9) $\dfrac{7}{8} - \dfrac{6}{8} =$

10) $\dfrac{1}{4} + \dfrac{2}{4} =$

11) $\dfrac{1}{6} + \dfrac{3}{6} =$

12) $\dfrac{4}{6} - \dfrac{2}{6} =$

13) $\dfrac{7}{8} - \dfrac{5}{8} =$

14) $\dfrac{1}{3} + \dfrac{2}{3} =$

15) $\dfrac{1}{6} + \dfrac{5}{6} =$

16) $\dfrac{2}{4} - \dfrac{1}{4} =$

17) $\dfrac{1}{3} + \dfrac{1}{3} =$

18) $\dfrac{3}{4} - \dfrac{2}{4} =$

19) $\dfrac{3}{8} + \dfrac{6}{8} =$

20) $\dfrac{5}{6} - \dfrac{3}{6} =$

ADD AND SUB

1) $\dfrac{1}{2} + \dfrac{1}{2} =$

2) $\dfrac{1}{8} + \dfrac{3}{8} =$

3) $\dfrac{2}{3} - \dfrac{1}{3} =$

4) $\dfrac{3}{6} - \dfrac{1}{6} =$

5) $\dfrac{3}{4} + \dfrac{3}{4} =$

6) $\dfrac{3}{6} - \dfrac{2}{6} =$

7) $\dfrac{5}{8} - \dfrac{4}{8} =$

8) $\dfrac{1}{3} + \dfrac{1}{3} =$

9) $\dfrac{2}{4} + \dfrac{3}{4} =$

10) $\dfrac{6}{8} - \dfrac{2}{8} =$

11) $\dfrac{3}{4} + \dfrac{2}{4} =$

12) $\dfrac{3}{6} + \dfrac{3}{6} =$

13) $\dfrac{4}{8} - \dfrac{1}{8} =$

14) $\dfrac{4}{6} - \dfrac{2}{6} =$

15) $\dfrac{3}{4} - \dfrac{1}{4} =$

16) $\dfrac{5}{6} + \dfrac{4}{6} =$

17) $\dfrac{5}{8} + \dfrac{3}{8} =$

18) $\dfrac{3}{4} - \dfrac{2}{4} =$

19) $\dfrac{5}{6} + \dfrac{1}{6} =$

20) $\dfrac{7}{8} - \dfrac{4}{8} =$

ADD AND SUB

1) $\dfrac{2}{3} - \dfrac{1}{3} =$

2) $\dfrac{5}{6} + \dfrac{4}{6} =$

3) $\dfrac{5}{8} - \dfrac{3}{8} =$

4) $\dfrac{7}{8} - \dfrac{6}{8} =$

5) $\dfrac{1}{2} + \dfrac{1}{2} =$

6) $\dfrac{4}{6} + \dfrac{3}{6} =$

7) $\dfrac{3}{4} - \dfrac{1}{4} =$

8) $\dfrac{1}{3} + \dfrac{1}{3} =$

9) $\dfrac{1}{8} + \dfrac{2}{8} =$

10) $\dfrac{1}{6} + \dfrac{2}{6} =$

11) $\dfrac{1}{3} + \dfrac{2}{3} =$

12) $\dfrac{1}{4} + \dfrac{3}{4} =$

13) $\dfrac{3}{4} + \dfrac{3}{4} =$

14) $\dfrac{5}{8} + \dfrac{7}{8} =$

15) $\dfrac{5}{6} - \dfrac{4}{6} =$

16) $\dfrac{5}{8} - \dfrac{4}{8} =$

17) $\dfrac{3}{4} - \dfrac{2}{4} =$

18) $\dfrac{2}{6} + \dfrac{1}{6} =$

19) $\dfrac{2}{6} + \dfrac{2}{6} =$

20) $\dfrac{4}{8} - \dfrac{3}{8} =$

1) $\dfrac{2}{3} - \dfrac{1}{3} =$

2) $\dfrac{3}{8} - \dfrac{2}{8} =$

3) $\dfrac{3}{6} + \dfrac{5}{6} =$

4) $\dfrac{3}{4} + \dfrac{1}{4} =$

5) $\dfrac{1}{2} + \dfrac{1}{2} =$

6) $\dfrac{2}{3} + \dfrac{2}{3} =$

7) $\dfrac{3}{4} - \dfrac{1}{4} =$

8) $\dfrac{7}{8} - \dfrac{4}{8} =$

9) $\dfrac{5}{6} - \dfrac{4}{6} =$

10) $\dfrac{1}{6} + \dfrac{3}{6} =$

11) $\dfrac{1}{4} + \dfrac{3}{4} =$

12) $\dfrac{1}{3} + \dfrac{2}{3} =$

13) $\dfrac{7}{8} - \dfrac{6}{8} =$

14) $\dfrac{2}{3} + \dfrac{1}{3} =$

15) $\dfrac{1}{6} + \dfrac{1}{6} =$

16) $\dfrac{2}{4} - \dfrac{1}{4} =$

17) $\dfrac{3}{6} - \dfrac{1}{6} =$

18) $\dfrac{5}{8} - \dfrac{1}{8} =$

19) $\dfrac{2}{4} + \dfrac{1}{4} =$

20) $\dfrac{6}{8} - \dfrac{5}{8} =$

ADD AND SUB

1) $\frac{6}{8} - \frac{5}{8} =$

2) $\frac{3}{8} + \frac{2}{8} =$

3) $\frac{1}{4} + \frac{2}{4} =$

4) $\frac{3}{6} + \frac{4}{6} =$

5) $\frac{1}{2} + \frac{1}{2} =$

6) $\frac{2}{3} - \frac{1}{3} =$

7) $\frac{6}{8} + \frac{2}{8} =$

8) $\frac{2}{4} + \frac{1}{4} =$

9) $\frac{4}{6} - \frac{1}{6} =$

10) $\frac{5}{8} - \frac{2}{8} =$

11) $\frac{3}{4} + \frac{3}{4} =$

12) $\frac{5}{6} + \frac{4}{6} =$

13) $\frac{3}{6} - \frac{2}{6} =$

14) $\frac{2}{3} + \frac{2}{3} =$

15) $\frac{3}{4} - \frac{2}{4} =$

16) $\frac{2}{8} + \frac{3}{8} =$

17) $\frac{1}{4} + \frac{1}{4} =$

18) $\frac{4}{6} - \frac{2}{6} =$

19) $\frac{3}{4} + \frac{1}{4} =$

20) $\frac{1}{6} + \frac{1}{6} =$

1) $\dfrac{2}{3} - \dfrac{1}{3} =$

2) $\dfrac{5}{6} - \dfrac{3}{6} =$

3) $\dfrac{7}{8} - \dfrac{5}{8} =$

4) $\dfrac{2}{4} + \dfrac{2}{4} =$

5) $\dfrac{2}{3} + \dfrac{1}{3} =$

6) $\dfrac{6}{8} + \dfrac{6}{8} =$

7) $\dfrac{1}{3} + \dfrac{2}{3} =$

8) $\dfrac{3}{4} - \dfrac{2}{4} =$

9) $\dfrac{1}{2} + \dfrac{1}{2} =$

10) $\dfrac{2}{6} + \dfrac{1}{6} =$

11) $\dfrac{3}{4} - \dfrac{1}{4} =$

12) $\dfrac{3}{8} - \dfrac{2}{8} =$

13) $\dfrac{3}{6} - \dfrac{1}{6} =$

14) $\dfrac{3}{6} - \dfrac{2}{6} =$

15) $\dfrac{5}{8} - \dfrac{4}{8} =$

16) $\dfrac{3}{4} + \dfrac{2}{4} =$

17) $\dfrac{7}{8} - \dfrac{4}{8} =$

18) $\dfrac{2}{4} - \dfrac{1}{4} =$

19) $\dfrac{4}{6} + \dfrac{2}{6} =$

20) $\dfrac{2}{6} + \dfrac{2}{6} =$

1) $\frac{2}{8} + \frac{1}{4} =$

2) $\frac{1}{2} + \frac{2}{4} =$

3) $\frac{2}{3} - \frac{1}{2} =$

4) $\frac{5}{8} + \frac{1}{3} =$

5) $\frac{3}{4} - \frac{2}{6} =$

6) $\frac{1}{4} + \frac{1}{2} =$

7) $\frac{7}{8} - \frac{2}{6} =$

8) $\frac{1}{2} - \frac{1}{3} =$

9) $\frac{6}{8} + \frac{2}{6} =$

10) $\frac{4}{8} - \frac{2}{6} =$

ADD AND SUB

1) $\dfrac{2}{4} - \dfrac{1}{6} =$

2) $\dfrac{2}{8} - \dfrac{1}{6} =$

3) $\dfrac{1}{2} + \dfrac{2}{4} =$

4) $\dfrac{1}{2} + \dfrac{3}{8} =$

5) $\dfrac{2}{3} - \dfrac{1}{2} =$

6) $\dfrac{2}{4} - \dfrac{2}{6} =$

7) $\dfrac{2}{3} - \dfrac{2}{4} =$

8) $\dfrac{1}{6} + \dfrac{7}{8} =$

9) $\dfrac{2}{6} + \dfrac{1}{4} =$

10) $\dfrac{1}{4} - \dfrac{1}{6} =$

1) $\dfrac{1}{2} + \dfrac{2}{3} =$

2) $\dfrac{2}{4} + \dfrac{6}{8} =$

3) $\dfrac{1}{2} + \dfrac{3}{4} =$

4) $\dfrac{2}{3} - \dfrac{1}{6} =$

5) $\dfrac{1}{2} - \dfrac{1}{6} =$

6) $\dfrac{2}{3} - \dfrac{1}{2} =$

7) $\dfrac{4}{6} + \dfrac{2}{4} =$

8) $\dfrac{4}{8} + \dfrac{1}{3} =$

9) $\dfrac{3}{4} + \dfrac{6}{8} =$

10) $\dfrac{2}{3} - \dfrac{1}{4} =$

EMMA.SCHOOL   Page 54   **ADD AND SUB**

1) $\dfrac{1}{3} + \dfrac{1}{2} =$

2) $\dfrac{1}{6} + \dfrac{1}{2} =$

3) $\dfrac{7}{8} + \dfrac{1}{3} =$

4) $\dfrac{3}{4} - \dfrac{3}{8} =$

5) $\dfrac{3}{6} + \dfrac{1}{2} =$

6) $\dfrac{1}{3} + \dfrac{1}{4} =$

7) $\dfrac{2}{4} + \dfrac{1}{2} =$

8) $\dfrac{3}{6} + \dfrac{2}{3} =$

9) $\dfrac{7}{8} + \dfrac{2}{6} =$

10) $\dfrac{6}{8} + \dfrac{2}{3} =$

ADD AND SUB

1) $\dfrac{5}{6} - \dfrac{1}{2} =$

2) $\dfrac{3}{4} + \dfrac{2}{3} =$

3) $\dfrac{1}{8} + \dfrac{1}{2} =$

4) $\dfrac{4}{8} + \dfrac{1}{4} =$

5) $\dfrac{4}{6} + \dfrac{2}{3} =$

6) $\dfrac{1}{3} - \dfrac{1}{4} =$

7) $\dfrac{4}{6} - \dfrac{1}{6} =$

8) $\dfrac{4}{8} - \dfrac{1}{3} =$

9) $\dfrac{7}{8} - \dfrac{1}{2} =$

10) $\dfrac{2}{4} - \dfrac{1}{8} =$

EMMA.SCHOOL **Page 56** **ADD AND SUB**

1) $\dfrac{1}{3} + \dfrac{3}{8} =$

2) $\dfrac{2}{5} + \dfrac{4}{6} =$

3) $\dfrac{2}{3} - \dfrac{3}{6} =$

4) $\dfrac{3}{5} + \dfrac{7}{8} =$

5) $\dfrac{2}{6} - \dfrac{2}{8} =$

6) $\dfrac{3}{6} - \dfrac{2}{5} =$

7) $\dfrac{3}{5} - \dfrac{3}{6} =$

8) $\dfrac{2}{3} - \dfrac{1}{3} =$

9) $\dfrac{1}{3} - \dfrac{1}{8} =$

10) $\dfrac{1}{4} + \dfrac{2}{4} =$

ADD AND SUB

1) $\dfrac{1}{2} - \dfrac{1}{8} =$

2) $\dfrac{1}{3} + \dfrac{2}{6} =$

3) $\dfrac{4}{5} - \dfrac{3}{6} =$

4) $\dfrac{3}{4} - \dfrac{1}{3} =$

5) $\dfrac{1}{2} + \dfrac{4}{8} =$

6) $\dfrac{4}{5} + \dfrac{3}{4} =$

7) $\dfrac{5}{8} + \dfrac{1}{6} =$

8) $\dfrac{4}{5} + \dfrac{1}{2} =$

9) $\dfrac{2}{3} - \dfrac{2}{5} =$

10) $\dfrac{1}{2} + \dfrac{1}{8} =$

ADD AND SUB

1) $\frac{2}{3} - \frac{2}{6} =$

2) $\frac{1}{2} - \frac{1}{5} =$

3) $\frac{2}{3} + \frac{2}{6} =$

4) $\frac{3}{4} - \frac{4}{6} =$

5) $\frac{7}{8} + \frac{2}{3} =$

6) $\frac{1}{2} - \frac{2}{8} =$

7) $\frac{1}{2} - \frac{1}{6} =$

8) $\frac{1}{3} + \frac{1}{5} =$

9) $\frac{2}{4} - \frac{2}{5} =$

10) $\frac{1}{4} + \frac{1}{3} =$

EMMA.SCHOOL — Page 59 — ADD AND SUB

1) $\dfrac{3}{5} - \dfrac{1}{4} =$

2) $\dfrac{5}{6} - \dfrac{2}{3} =$

3) $\dfrac{2}{4} - \dfrac{2}{8} =$

4) $\dfrac{1}{4} - \dfrac{1}{5} =$

5) $\dfrac{1}{2} - \dfrac{2}{8} =$

6) $\dfrac{1}{6} + \dfrac{1}{2} =$

7) $\dfrac{4}{5} - \dfrac{3}{4} =$

8) $\dfrac{2}{3} + \dfrac{1}{4} =$

9) $\dfrac{1}{2} - \dfrac{2}{5} =$

10) $\dfrac{5}{6} - \dfrac{2}{6} =$

ADD AND SUB

1) $\frac{2}{4} + \frac{2}{3} =$

2) $\frac{2}{3} - \frac{3}{8} =$

3) $\frac{3}{5} + \frac{1}{2} =$

4) $\frac{3}{4} + \frac{2}{3} =$

5) $\frac{3}{5} + \frac{1}{4} =$

6) $\frac{1}{8} + \frac{4}{6} =$

7) $\frac{5}{6} - \frac{1}{2} =$

8) $\frac{1}{4} + \frac{4}{5} =$

9) $\frac{4}{8} - \frac{1}{3} =$

10) $\frac{4}{5} - \frac{5}{8} =$

ANSWERS

Page 1

1) $\frac{4}{6} = \frac{24}{36}$ 2) $\frac{1}{2} = \frac{8}{16}$ 3) $\frac{1}{4} = \frac{4}{16}$

4) $\frac{4}{6} = \frac{36}{54}$ 5) $\frac{5}{8} = \frac{10}{16}$ 6) $\frac{7}{8} = \frac{35}{40}$

7) $\frac{2}{4} = \frac{10}{20}$ 8) $\frac{1}{2} = \frac{6}{12}$ 9) $\frac{1}{2} = \frac{10}{20}$

10) $\frac{3}{4} = \frac{12}{16}$ 11) $\frac{4}{8} = \frac{40}{80}$ 12) $\frac{5}{6} = \frac{40}{48}$

13) $\frac{1}{2} = \frac{2}{4}$ 14) $\frac{2}{4} = \frac{12}{24}$ 15) $\frac{6}{8} = \frac{12}{16}$

16) $\frac{1}{4} = \frac{8}{32}$ 17) $\frac{1}{2} = \frac{5}{10}$ 18) $\frac{1}{6} = \frac{5}{30}$

Page 2

1) $\frac{1}{2} = \frac{4}{8}$ 2) $\frac{2}{6} = \frac{18}{54}$ 3) $\frac{6}{8} = \frac{12}{16}$

4) $\frac{2}{4} = \frac{8}{16}$ 5) $\frac{3}{8} = \frac{9}{24}$ 6) $\frac{1}{2} = \frac{2}{4}$

7) $\frac{3}{4} = \frac{9}{12}$ 8) $\frac{3}{6} = \frac{9}{18}$ 9) $\frac{1}{2} = \frac{10}{20}$

10) $\frac{5}{6} = \frac{30}{36}$ 11) $\frac{1}{4} = \frac{3}{12}$ 12) $\frac{1}{2} = \frac{8}{16}$

13) $\frac{4}{6} = \frac{16}{24}$ 14) $\frac{6}{8} = \frac{36}{48}$ 15) $\frac{1}{4} = \frac{8}{32}$

16) $\frac{1}{2} = \frac{7}{14}$ 17) $\frac{1}{6} = \frac{9}{54}$ 18) $\frac{3}{4} = \frac{30}{40}$

Page 3

1) $\frac{1}{2} = \frac{8}{16}$ 2) $\frac{2}{8} = \frac{10}{40}$ 3) $\frac{3}{6} = \frac{9}{18}$

4) $\frac{2}{4} = \frac{20}{40}$ 5) $\frac{1}{2} = \frac{10}{20}$ 6) $\frac{6}{8} = \frac{60}{80}$

7) $\frac{1}{2} = \frac{6}{12}$ 8) $\frac{2}{4} = \frac{6}{12}$ 9) $\frac{5}{6} = \frac{35}{42}$

10) $\frac{1}{6} = \frac{6}{36}$ 11) $\frac{6}{8} = \frac{42}{56}$ 12) $\frac{2}{4} = \frac{12}{24}$

13) $\frac{3}{6} = \frac{27}{54}$ 14) $\frac{2}{8} = \frac{14}{56}$ 15) $\frac{1}{2} = \frac{4}{8}$

16) $\frac{3}{4} = \frac{27}{36}$ 17) $\frac{1}{2} = \frac{2}{4}$ 18) $\frac{2}{8} = \frac{6}{24}$

Page 4

1) $\frac{2}{8} = \frac{18}{72}$ 2) $\frac{3}{4} = \frac{30}{40}$ 3) $\frac{1}{2} = \frac{10}{20}$

4) $\frac{5}{6} = \frac{25}{30}$ 5) $\frac{4}{8} = \frac{12}{24}$ 6) $\frac{1}{8} = \frac{7}{56}$

7) $\frac{4}{6} = \frac{28}{42}$ 8) $\frac{1}{2} = \frac{8}{16}$ 9) $\frac{1}{8} = \frac{8}{64}$

10) $\frac{1}{4} = \frac{9}{36}$ 11) $\frac{5}{6} = \frac{45}{54}$ 12) $\frac{2}{6} = \frac{6}{18}$

13) $\frac{2}{4} = \frac{14}{28}$ 14) $\frac{5}{8} = \frac{45}{72}$ 15) $\frac{4}{8} = \frac{36}{72}$

16) $\frac{2}{6} = \frac{10}{30}$ 17) $\frac{1}{2} = \frac{4}{8}$ 18) $\frac{1}{4} = \frac{8}{32}$

Page 5

1) $\frac{4}{6} = \frac{8}{12}$ 2) $\frac{5}{8} = \frac{45}{72}$ 3) $\frac{1}{2} = \frac{2}{4}$

4) $\frac{2}{4} = \frac{12}{24}$ 5) $\frac{2}{4} = \frac{14}{28}$ 6) $\frac{1}{8} = \frac{6}{48}$

7) $\frac{1}{2} = \frac{5}{10}$ 8) $\frac{2}{6} = \frac{4}{12}$ 9) $\frac{1}{4} = \frac{7}{28}$

10) $\frac{1}{2} = \frac{9}{18}$ 11) $\frac{5}{6} = \frac{15}{18}$ 12) $\frac{2}{8} = \frac{14}{56}$

13) $\frac{4}{6} = \frac{40}{60}$ 14) $\frac{3}{4} = \frac{15}{20}$ 15) $\frac{5}{8} = \frac{50}{80}$

16) $\frac{3}{6} = \frac{30}{60}$ 17) $\frac{7}{8} = \frac{56}{64}$ 18) $\frac{1}{4} = \frac{5}{20}$

Page 6

1) $\frac{1}{2} = \frac{5}{10}$ 2) $\frac{2}{6} = \frac{8}{24}$ 3) $\frac{6}{8} = \frac{36}{48}$

4) $\frac{1}{4} = \frac{4}{16}$ 5) $\frac{1}{2} = \frac{4}{8}$ 6) $\frac{5}{8} = \frac{30}{48}$

7) $\frac{2}{4} = \frac{6}{12}$ 8) $\frac{3}{8} = \frac{15}{40}$ 9) $\frac{5}{6} = \frac{25}{30}$

10) $\frac{1}{2} = \frac{10}{20}$ 11) $\frac{1}{6} = \frac{8}{48}$ 12) $\frac{3}{8} = \frac{30}{80}$

13) $\frac{2}{4} = \frac{16}{32}$ 14) $\frac{1}{4} = \frac{8}{32}$ 15) $\frac{1}{2} = \frac{6}{12}$

16) $\frac{5}{6} = \frac{10}{12}$ 17) $\frac{1}{8} = \frac{4}{32}$ 18) $\frac{4}{6} = \frac{12}{18}$

Page 7

1) $\frac{6}{8} = \frac{60}{80}$ 2) $\frac{1}{2} = \frac{7}{14}$ 3) $\frac{1}{4} = \frac{4}{16}$

4) $\frac{1}{4} = \frac{10}{40}$ 5) $\frac{1}{2} = \frac{10}{20}$ 6) $\frac{4}{8} = \frac{12}{24}$

7) $\frac{1}{6} = \frac{6}{36}$ 8) $\frac{1}{2} = \frac{4}{8}$ 9) $\frac{5}{6} = \frac{20}{24}$

10) $\frac{2}{4} = \frac{20}{40}$ 11) $\frac{5}{8} = \frac{20}{32}$ 12) $\frac{1}{2} = \frac{3}{6}$

13) $\frac{3}{4} = \frac{6}{8}$ 14) $\frac{3}{6} = \frac{27}{54}$ 15) $\frac{5}{8} = \frac{30}{48}$

16) $\frac{1}{4} = \frac{9}{36}$ 17) $\frac{1}{2} = \frac{6}{12}$ 18) $\frac{1}{2} = \frac{2}{4}$

Page 8

1) $\frac{1}{4} = \frac{3}{12}$ 2) $\frac{3}{6} = \frac{6}{12}$ 3) $\frac{1}{2} = \frac{2}{4}$

4) $\frac{2}{6} = \frac{6}{18}$ 5) $\frac{1}{2} = \frac{4}{8}$ 6) $\frac{2}{4} = \frac{14}{28}$

7) $\frac{3}{8} = \frac{12}{32}$ 8) $\frac{1}{2} = \frac{10}{20}$ 9) $\frac{2}{4} = \frac{6}{12}$

10) $\frac{1}{8} = \frac{10}{80}$ 11) $\frac{5}{6} = \frac{35}{42}$ 12) $\frac{3}{4} = \frac{9}{12}$

13) $\frac{3}{8} = \frac{21}{56}$ 14) $\frac{1}{2} = \frac{5}{10}$ 15) $\frac{2}{6} = \frac{10}{30}$

16) $\frac{1}{6} = \frac{5}{30}$ 17) $\frac{2}{4} = \frac{10}{20}$ 18) $\frac{4}{8} = \frac{8}{16}$

Page 9 — EQUIVALENT

1) $\dfrac{3}{6} = \dfrac{21}{42}$ 2) $\dfrac{1}{4} = \dfrac{8}{32}$ 3) $\dfrac{3}{6} = \dfrac{30}{60}$

4) $\dfrac{7}{8} = \dfrac{28}{32}$ 5) $\dfrac{1}{2} = \dfrac{9}{18}$ 6) $\dfrac{3}{4} = \dfrac{9}{12}$

7) $\dfrac{1}{6} = \dfrac{4}{24}$ 8) $\dfrac{5}{8} = \dfrac{50}{80}$ 9) $\dfrac{1}{2} = \dfrac{7}{14}$

10) $\dfrac{2}{4} = \dfrac{16}{32}$ 11) $\dfrac{2}{6} = \dfrac{6}{18}$ 12) $\dfrac{1}{2} = \dfrac{4}{8}$

13) $\dfrac{5}{8} = \dfrac{35}{56}$ 14) $\dfrac{1}{4} = \dfrac{10}{40}$ 15) $\dfrac{1}{8} = \dfrac{3}{24}$

16) $\dfrac{2}{6} = \dfrac{8}{24}$ 17) $\dfrac{4}{8} = \dfrac{36}{72}$ 18) $\dfrac{5}{6} = \dfrac{25}{30}$

Page 10 — EQUIVALENT

1) $\dfrac{5}{8} = \dfrac{10}{16}$ 2) $\dfrac{1}{2} = \dfrac{9}{18}$ 3) $\dfrac{4}{6} = \dfrac{36}{54}$

4) $\dfrac{1}{2} = \dfrac{5}{10}$ 5) $\dfrac{7}{8} = \dfrac{21}{24}$ 6) $\dfrac{1}{4} = \dfrac{5}{20}$

7) $\dfrac{2}{4} = \dfrac{14}{28}$ 8) $\dfrac{2}{8} = \dfrac{4}{16}$ 9) $\dfrac{1}{6} = \dfrac{3}{18}$

10) $\dfrac{1}{2} = \dfrac{2}{4}$ 11) $\dfrac{2}{4} = \dfrac{16}{32}$ 12) $\dfrac{1}{2} = \dfrac{3}{6}$

13) $\dfrac{1}{6} = \dfrac{6}{36}$ 14) $\dfrac{3}{8} = \dfrac{27}{72}$ 15) $\dfrac{1}{4} = \dfrac{2}{8}$

16) $\dfrac{4}{6} = \dfrac{12}{18}$ 17) $\dfrac{2}{8} = \dfrac{18}{72}$ 18) $\dfrac{3}{6} = \dfrac{27}{54}$

Page 11 — EQUIVALENT

1) $\dfrac{1}{2} = \dfrac{10}{20} = \dfrac{2}{4}$ 2) $\dfrac{1}{8} = \dfrac{5}{40} = \dfrac{7}{56}$

3) $\dfrac{2}{4} = \dfrac{16}{32} = \dfrac{12}{24}$ 4) $\dfrac{1}{4} = \dfrac{8}{32} = \dfrac{2}{8}$

5) $\dfrac{1}{2} = \dfrac{6}{12} = \dfrac{4}{8}$ 6) $\dfrac{3}{6} = \dfrac{6}{12} = \dfrac{24}{48}$

7) $\dfrac{3}{8} = \dfrac{21}{56} = \dfrac{15}{40}$ 8) $\dfrac{4}{8} = \dfrac{24}{48} = \dfrac{12}{24}$

9) $\dfrac{3}{6} = \dfrac{30}{60} = \dfrac{12}{24}$ 10) $\dfrac{1}{2} = \dfrac{3}{6} = \dfrac{4}{8}$

11) $\dfrac{1}{4} = \dfrac{3}{12} = \dfrac{8}{32}$ 12) $\dfrac{1}{2} = \dfrac{9}{18} = \dfrac{5}{10}$

13) $\dfrac{1}{4} = \dfrac{5}{20} = \dfrac{10}{40}$ 14) $\dfrac{4}{6} = \dfrac{16}{24} = \dfrac{32}{48}$

15) $\dfrac{1}{8} = \dfrac{3}{24} = \dfrac{2}{16}$ 16) $\dfrac{1}{4} = \dfrac{4}{16} = \dfrac{9}{36}$

17) $\dfrac{2}{6} = \dfrac{4}{12} = \dfrac{10}{30}$ 18) $\dfrac{1}{8} = \dfrac{8}{64} = \dfrac{6}{48}$

19) $\dfrac{1}{2} = \dfrac{9}{18} = \dfrac{6}{12}$ 20) $\dfrac{1}{6} = \dfrac{3}{18} = \dfrac{4}{24}$

Page 12 — EQUIVALENT

1) $\dfrac{4}{6} = \dfrac{16}{24} = \dfrac{12}{18}$ 2) $\dfrac{2}{4} = \dfrac{18}{36} = \dfrac{12}{24}$

3) $\dfrac{2}{8} = \dfrac{16}{64} = \dfrac{20}{80}$ 4) $\dfrac{7}{8} = \dfrac{63}{72} = \dfrac{21}{24}$

5) $\dfrac{1}{6} = \dfrac{9}{54} = \dfrac{5}{30}$ 6) $\dfrac{1}{2} = \dfrac{8}{16} = \dfrac{3}{6}$

7) $\dfrac{2}{4} = \dfrac{20}{40} = \dfrac{14}{28}$ 8) $\dfrac{1}{2} = \dfrac{5}{10} = \dfrac{6}{12}$

9) $\dfrac{4}{6} = \dfrac{16}{24} = \dfrac{8}{12}$ 10) $\dfrac{6}{8} = \dfrac{42}{56} = \dfrac{36}{48}$

11) $\dfrac{1}{4} = \dfrac{8}{32} = \dfrac{10}{40}$ 12) $\dfrac{4}{6} = \dfrac{16}{24} = \dfrac{36}{54}$

13) $\dfrac{2}{8} = \dfrac{16}{64} = \dfrac{12}{48}$ 14) $\dfrac{1}{4} = \dfrac{2}{8} = \dfrac{3}{12}$

15) $\dfrac{1}{2} = \dfrac{9}{18} = \dfrac{10}{20}$ 16) $\dfrac{2}{8} = \dfrac{18}{72} = \dfrac{6}{24}$

17) $\dfrac{3}{4} = \dfrac{18}{24} = \dfrac{15}{20}$ 18) $\dfrac{1}{2} = \dfrac{10}{20} = \dfrac{7}{14}$

19) $\dfrac{1}{6} = \dfrac{7}{42} = \dfrac{4}{24}$ 20) $\dfrac{2}{6} = \dfrac{20}{60} = \dfrac{4}{12}$

Page 13 — EQUIVALENT

1) $\dfrac{3}{8} = \dfrac{15}{40} = \dfrac{6}{16}$
2) $\dfrac{1}{2} = \dfrac{2}{4} = \dfrac{10}{20}$
3) $\dfrac{3}{4} = \dfrac{12}{16} = \dfrac{21}{28}$
4) $\dfrac{5}{8} = \dfrac{50}{80} = \dfrac{15}{24}$
5) $\dfrac{1}{2} = \dfrac{8}{16} = \dfrac{10}{20}$
6) $\dfrac{2}{6} = \dfrac{4}{12} = \dfrac{6}{18}$
7) $\dfrac{2}{4} = \dfrac{12}{24} = \dfrac{6}{12}$
8) $\dfrac{5}{8} = \dfrac{50}{80} = \dfrac{35}{56}$
9) $\dfrac{1}{2} = \dfrac{7}{14} = \dfrac{2}{4}$
10) $\dfrac{1}{6} = \dfrac{2}{12} = \dfrac{6}{36}$
11) $\dfrac{1}{4} = \dfrac{9}{36} = \dfrac{8}{32}$
12) $\dfrac{1}{4} = \dfrac{3}{12} = \dfrac{7}{28}$
13) $\dfrac{7}{8} = \dfrac{49}{56} = \dfrac{63}{72}$
14) $\dfrac{1}{2} = \dfrac{10}{20} = \dfrac{6}{12}$
15) $\dfrac{3}{6} = \dfrac{12}{24} = \dfrac{15}{30}$
16) $\dfrac{4}{8} = \dfrac{20}{40} = \dfrac{32}{64}$
17) $\dfrac{1}{4} = \dfrac{4}{16} = \dfrac{6}{24}$
18) $\dfrac{1}{2} = \dfrac{4}{8} = \dfrac{8}{16}$
19) $\dfrac{5}{6} = \dfrac{25}{30} = \dfrac{50}{60}$
20) $\dfrac{3}{6} = \dfrac{9}{18} = \dfrac{21}{42}$

Page 14 — EQUIVALENT

1) $\dfrac{3}{6} = \dfrac{18}{36} = \dfrac{30}{60}$
2) $\dfrac{1}{2} = \dfrac{7}{14} = \dfrac{3}{6}$
3) $\dfrac{3}{4} = \dfrac{21}{28} = \dfrac{6}{8}$
4) $\dfrac{2}{4} = \dfrac{14}{28} = \dfrac{20}{40}$
5) $\dfrac{3}{8} = \dfrac{24}{64} = \dfrac{12}{32}$
6) $\dfrac{1}{2} = \dfrac{8}{16} = \dfrac{4}{8}$
7) $\dfrac{1}{6} = \dfrac{3}{18} = \dfrac{4}{24}$
8) $\dfrac{5}{8} = \dfrac{20}{32} = \dfrac{25}{40}$
9) $\dfrac{1}{4} = \dfrac{5}{20} = \dfrac{10}{40}$
10) $\dfrac{1}{2} = \dfrac{4}{8} = \dfrac{7}{14}$
11) $\dfrac{4}{6} = \dfrac{20}{30} = \dfrac{40}{60}$
12) $\dfrac{1}{2} = \dfrac{9}{18} = \dfrac{4}{8}$
13) $\dfrac{3}{4} = \dfrac{27}{36} = \dfrac{24}{32}$
14) $\dfrac{6}{8} = \dfrac{42}{56} = \dfrac{24}{32}$
15) $\dfrac{6}{8} = \dfrac{24}{32} = \dfrac{36}{48}$
16) $\dfrac{5}{6} = \dfrac{40}{48} = \dfrac{30}{36}$
17) $\dfrac{1}{2} = \dfrac{6}{12} = \dfrac{5}{10}$
18) $\dfrac{1}{8} = \dfrac{3}{24} = \dfrac{5}{40}$
19) $\dfrac{3}{6} = \dfrac{9}{18} = \dfrac{30}{60}$
20) $\dfrac{1}{4} = \dfrac{7}{28} = \dfrac{10}{40}$

Page 15 — EQUIVALENT

1) $\dfrac{1}{4} = \dfrac{8}{32} = \dfrac{3}{12}$
2) $\dfrac{3}{4} = \dfrac{24}{32} = \dfrac{12}{16}$
3) $\dfrac{1}{6} = \dfrac{3}{18} = \dfrac{10}{60}$
4) $\dfrac{7}{8} = \dfrac{42}{48} = \dfrac{63}{72}$
5) $\dfrac{1}{2} = \dfrac{6}{12} = \dfrac{8}{16}$
6) $\dfrac{1}{2} = \dfrac{4}{8} = \dfrac{8}{16}$
7) $\dfrac{1}{4} = \dfrac{8}{32} = \dfrac{6}{24}$
8) $\dfrac{3}{8} = \dfrac{15}{40} = \dfrac{9}{24}$
9) $\dfrac{1}{6} = \dfrac{10}{60} = \dfrac{3}{18}$
10) $\dfrac{5}{6} = \dfrac{25}{30} = \dfrac{30}{36}$
11) $\dfrac{1}{2} = \dfrac{2}{4} = \dfrac{8}{16}$
12) $\dfrac{1}{4} = \dfrac{7}{28} = \dfrac{3}{12}$
13) $\dfrac{7}{8} = \dfrac{14}{16} = \dfrac{21}{24}$
14) $\dfrac{4}{8} = \dfrac{8}{16} = \dfrac{36}{72}$
15) $\dfrac{3}{6} = \dfrac{12}{24} = \dfrac{15}{30}$
16) $\dfrac{1}{4} = \dfrac{7}{28} = \dfrac{5}{20}$
17) $\dfrac{1}{2} = \dfrac{9}{18} = \dfrac{7}{14}$
18) $\dfrac{1}{4} = \dfrac{10}{40} = \dfrac{5}{20}$
19) $\dfrac{5}{8} = \dfrac{30}{48} = \dfrac{40}{64}$
20) $\dfrac{5}{6} = \dfrac{30}{36} = \dfrac{40}{48}$

Page 16 — EQUIVALENT

1) $\dfrac{2}{8} = \dfrac{4}{16} = \dfrac{8}{32}$
2) $\dfrac{1}{2} = \dfrac{8}{16} = \dfrac{9}{18}$
3) $\dfrac{3}{6} = \dfrac{12}{24} = \dfrac{6}{12}$
4) $\dfrac{1}{4} = \dfrac{6}{24} = \dfrac{2}{8}$
5) $\dfrac{6}{8} = \dfrac{12}{16} = \dfrac{18}{24}$
6) $\dfrac{4}{6} = \dfrac{8}{12} = \dfrac{40}{60}$
7) $\dfrac{7}{8} = \dfrac{70}{80} = \dfrac{14}{16}$
8) $\dfrac{3}{4} = \dfrac{18}{24} = \dfrac{30}{40}$
9) $\dfrac{1}{2} = \dfrac{2}{4} = \dfrac{5}{10}$
10) $\dfrac{2}{4} = \dfrac{20}{40} = \dfrac{12}{24}$
11) $\dfrac{4}{6} = \dfrac{16}{24} = \dfrac{12}{18}$
12) $\dfrac{1}{2} = \dfrac{4}{8} = \dfrac{10}{20}$
13) $\dfrac{7}{8} = \dfrac{14}{16} = \dfrac{21}{24}$
14) $\dfrac{1}{2} = \dfrac{6}{12} = \dfrac{10}{20}$
15) $\dfrac{3}{4} = \dfrac{18}{24} = \dfrac{24}{32}$
16) $\dfrac{1}{8} = \dfrac{7}{56} = \dfrac{9}{72}$
17) $\dfrac{1}{6} = \dfrac{7}{42} = \dfrac{10}{60}$
18) $\dfrac{2}{6} = \dfrac{6}{18} = \dfrac{10}{30}$
19) $\dfrac{1}{2} = \dfrac{9}{18} = \dfrac{7}{14}$
20) $\dfrac{1}{8} = \dfrac{7}{56} = \dfrac{6}{48}$

Page 17

1) $\frac{3}{8} = \frac{18}{48} = \frac{15}{40}$
2) $\frac{1}{4} = \frac{6}{24} = \frac{5}{20}$
3) $\frac{3}{6} = \frac{24}{48} = \frac{12}{24}$
4) $\frac{1}{2} = \frac{7}{14} = \frac{3}{6}$
5) $\frac{7}{8} = \frac{28}{32} = \frac{63}{72}$
6) $\frac{2}{4} = \frac{4}{8} = \frac{6}{12}$
7) $\frac{1}{2} = \frac{4}{8} = \frac{10}{20}$
8) $\frac{2}{6} = \frac{6}{18} = \frac{12}{36}$
9) $\frac{2}{8} = \frac{6}{24} = \frac{8}{32}$
10) $\frac{2}{8} = \frac{4}{16} = \frac{16}{64}$
11) $\frac{3}{4} = \frac{24}{32} = \frac{9}{12}$
12) $\frac{1}{6} = \frac{9}{54} = \frac{5}{30}$
13) $\frac{1}{2} = \frac{10}{20} = \frac{6}{12}$
14) $\frac{4}{6} = \frac{40}{60} = \frac{20}{30}$
15) $\frac{2}{4} = \frac{16}{32} = \frac{14}{28}$
16) $\frac{5}{8} = \frac{45}{72} = \frac{20}{32}$
17) $\frac{1}{2} = \frac{9}{18} = \frac{3}{6}$
18) $\frac{1}{2} = \frac{6}{12} = \frac{2}{4}$
19) $\frac{3}{4} = \frac{27}{36} = \frac{30}{40}$
20) $\frac{7}{8} = \frac{14}{16} = \frac{70}{80}$

Page 18

1) $\frac{7}{8} = \frac{14}{16} = \frac{63}{72}$
2) $\frac{1}{2} = \frac{2}{4} = \frac{8}{16}$
3) $\frac{3}{4} = \frac{6}{8} = \frac{18}{24}$
4) $\frac{4}{6} = \frac{40}{60} = \frac{28}{42}$
5) $\frac{2}{8} = \frac{14}{56} = \frac{18}{72}$
6) $\frac{4}{6} = \frac{32}{48} = \frac{16}{24}$
7) $\frac{2}{8} = \frac{8}{32} = \frac{12}{48}$
8) $\frac{1}{2} = \frac{3}{6} = \frac{4}{8}$
9) $\frac{2}{4} = \frac{18}{36} = \frac{4}{8}$
10) $\frac{3}{4} = \frac{9}{12} = \frac{18}{24}$
11) $\frac{3}{6} = \frac{18}{36} = \frac{24}{48}$
12) $\frac{1}{2} = \frac{8}{16} = \frac{4}{8}$
13) $\frac{7}{8} = \frac{14}{16} = \frac{70}{80}$
14) $\frac{1}{6} = \frac{4}{24} = \frac{3}{18}$
15) $\frac{2}{4} = \frac{4}{8} = \frac{16}{32}$
16) $\frac{1}{2} = \frac{8}{16} = \frac{10}{20}$
17) $\frac{5}{8} = \frac{20}{32} = \frac{40}{64}$
18) $\frac{6}{8} = \frac{18}{24} = \frac{36}{48}$
19) $\frac{1}{6} = \frac{5}{30} = \frac{4}{24}$
20) $\frac{1}{2} = \frac{6}{12} = \frac{9}{18}$

Page 19

1) $\frac{1}{6} = \frac{5}{30} = \frac{3}{18}$
2) $\frac{3}{6} = \frac{21}{42} = \frac{18}{36}$
3) $\frac{1}{2} = \frac{5}{10} = \frac{8}{16}$
4) $\frac{2}{4} = \frac{12}{24} = \frac{4}{8}$
5) $\frac{2}{8} = \frac{6}{24} = \frac{18}{72}$
6) $\frac{2}{8} = \frac{18}{72} = \frac{4}{16}$
7) $\frac{1}{2} = \frac{4}{8} = \frac{10}{20}$
8) $\frac{1}{6} = \frac{8}{48} = \frac{3}{18}$
9) $\frac{3}{4} = \frac{9}{12} = \frac{6}{8}$
10) $\frac{2}{4} = \frac{10}{20} = \frac{8}{16}$
11) $\frac{5}{8} = \frac{40}{64} = \frac{50}{80}$
12) $\frac{1}{2} = \frac{7}{14} = \frac{2}{4}$
13) $\frac{1}{6} = \frac{5}{30} = \frac{2}{12}$
14) $\frac{5}{6} = \frac{25}{30} = \frac{35}{42}$
15) $\frac{1}{2} = \frac{3}{6} = \frac{9}{18}$
16) $\frac{1}{8} = \frac{4}{32} = \frac{10}{80}$
17) $\frac{2}{4} = \frac{16}{32} = \frac{14}{28}$
18) $\frac{3}{6} = \frac{30}{60} = \frac{21}{42}$
19) $\frac{2}{4} = \frac{20}{40} = \frac{14}{28}$
20) $\frac{1}{8} = \frac{6}{48} = \frac{7}{56}$

Page 20

1) $\frac{1}{2} = \frac{5}{10} = \frac{2}{4}$
2) $\frac{7}{8} = \frac{42}{48} = \frac{63}{72}$
3) $\frac{2}{6} = \frac{20}{60} = \frac{14}{42}$
4) $\frac{2}{4} = \frac{20}{40} = \frac{14}{28}$
5) $\frac{1}{2} = \frac{9}{18} = \frac{6}{12}$
6) $\frac{1}{2} = \frac{9}{18} = \frac{3}{6}$
7) $\frac{3}{4} = \frac{9}{12} = \frac{6}{8}$
8) $\frac{5}{8} = \frac{20}{32} = \frac{45}{72}$
9) $\frac{3}{6} = \frac{24}{48} = \frac{27}{54}$
10) $\frac{1}{4} = \frac{3}{12} = \frac{8}{32}$
11) $\frac{1}{2} = \frac{6}{12} = \frac{10}{20}$
12) $\frac{3}{6} = \frac{30}{60} = \frac{24}{48}$
13) $\frac{5}{8} = \frac{35}{56} = \frac{15}{24}$
14) $\frac{2}{6} = \frac{14}{42} = \frac{6}{18}$
15) $\frac{1}{2} = \frac{9}{18} = \frac{7}{14}$
16) $\frac{3}{4} = \frac{30}{40} = \frac{15}{20}$
17) $\frac{7}{8} = \frac{21}{24} = \frac{56}{64}$
18) $\frac{1}{2} = \frac{7}{14} = \frac{9}{18}$
19) $\frac{5}{6} = \frac{35}{42} = \frac{10}{12}$
20) $\frac{5}{8} = \frac{40}{64} = \frac{15}{24}$

Page 21

1) $\dfrac{3}{5} > \dfrac{2}{5}$ 2) $\dfrac{4}{10} < \dfrac{9}{10}$ 3) $\dfrac{3}{12} < \dfrac{4}{12}$

4) $\dfrac{3}{4} > \dfrac{1}{4}$ 5) $\dfrac{3}{7} > \dfrac{1}{7}$ 6) $\dfrac{3}{5} < \dfrac{4}{5}$

7) $\dfrac{1}{3} < \dfrac{2}{3}$ 8) $\dfrac{3}{6} < \dfrac{5}{6}$ 9) $\dfrac{6}{9} > \dfrac{3}{9}$

10) $\dfrac{6}{8} < \dfrac{7}{8}$ 11) $\dfrac{1}{2} = \dfrac{1}{2}$ 12) $\dfrac{2}{4} > \dfrac{1}{4}$

13) $\dfrac{4}{10} = \dfrac{4}{10}$ 14) $\dfrac{6}{12} < \dfrac{10}{12}$ 15) $\dfrac{2}{3} > \dfrac{1}{3}$

16) $\dfrac{3}{8} < \dfrac{7}{8}$ 17) $\dfrac{1}{5} < \dfrac{2}{5}$ 18) $\dfrac{2}{6} < \dfrac{4}{6}$

Page 22

1) $\dfrac{4}{6} = \dfrac{4}{6}$ 2) $\dfrac{4}{7} < \dfrac{6}{7}$ 3) $\dfrac{3}{4} > \dfrac{1}{4}$

4) $\dfrac{3}{6} < \dfrac{4}{6}$ 5) $\dfrac{2}{8} < \dfrac{5}{8}$ 6) $\dfrac{2}{5} = \dfrac{2}{5}$

7) $\dfrac{1}{2} = \dfrac{1}{2}$ 8) $\dfrac{6}{12} < \dfrac{8}{12}$ 9) $\dfrac{6}{7} > \dfrac{4}{7}$

10) $\dfrac{1}{10} < \dfrac{3}{10}$ 11) $\dfrac{1}{3} < \dfrac{2}{3}$ 12) $\dfrac{5}{9} = \dfrac{5}{9}$

13) $\dfrac{6}{7} > \dfrac{5}{7}$ 14) $\dfrac{1}{4} < \dfrac{3}{4}$ 15) $\dfrac{11}{12} > \dfrac{6}{12}$

16) $\dfrac{5}{6} > \dfrac{1}{6}$ 17) $\dfrac{2}{5} < \dfrac{4}{5}$ 18) $\dfrac{9}{10} > \dfrac{5}{10}$

Page 23

1) $\dfrac{4}{6} > \dfrac{2}{6}$ 2) $\dfrac{3}{7} > \dfrac{2}{7}$ 3) $\dfrac{4}{12} = \dfrac{4}{12}$

4) $\dfrac{2}{4} > \dfrac{1}{4}$ 5) $\dfrac{2}{5} > \dfrac{1}{5}$ 6) $\dfrac{1}{3} < \dfrac{2}{3}$

7) $\dfrac{1}{10} < \dfrac{3}{10}$ 8) $\dfrac{1}{6} < \dfrac{5}{6}$ 9) $\dfrac{5}{7} < \dfrac{6}{7}$

10) $\dfrac{7}{9} > \dfrac{6}{9}$ 11) $\dfrac{6}{12} > \dfrac{4}{12}$ 12) $\dfrac{4}{8} > \dfrac{1}{8}$

13) $\dfrac{1}{2} = \dfrac{1}{2}$ 14) $\dfrac{10}{12} > \dfrac{9}{12}$ 15) $\dfrac{1}{5} < \dfrac{4}{5}$

16) $\dfrac{6}{9} > \dfrac{1}{9}$ 17) $\dfrac{2}{6} = \dfrac{2}{6}$ 18) $\dfrac{4}{7} > \dfrac{1}{7}$

Page 24

1) $\dfrac{1}{9} < \dfrac{5}{9}$ 2) $\dfrac{5}{10} < \dfrac{8}{10}$ 3) $\dfrac{1}{3} = \dfrac{1}{3}$

4) $\dfrac{1}{2} = \dfrac{1}{2}$ 5) $\dfrac{4}{5} > \dfrac{3}{5}$ 6) $\dfrac{3}{8} < \dfrac{6}{8}$

7) $\dfrac{11}{12} > \dfrac{8}{12}$ 8) $\dfrac{5}{9} < \dfrac{8}{9}$ 9) $\dfrac{6}{10} < \dfrac{7}{10}$

10) $\dfrac{2}{3} > \dfrac{1}{3}$ 11) $\dfrac{5}{6} > \dfrac{4}{6}$ 12) $\dfrac{2}{4} = \dfrac{2}{4}$

13) $\dfrac{3}{5} > \dfrac{2}{5}$ 14) $\dfrac{1}{7} < \dfrac{3}{7}$ 15) $\dfrac{3}{4} > \dfrac{1}{4}$

16) $\dfrac{3}{12} < \dfrac{6}{12}$ 17) $\dfrac{2}{8} < \dfrac{4}{8}$ 18) $\dfrac{4}{9} < \dfrac{6}{9}$

Page 25

1) $\frac{1}{5} = \frac{1}{5}$
2) $\frac{1}{3} < \frac{2}{3}$
3) $\frac{5}{8} > \frac{1}{8}$
4) $\frac{5}{9} > \frac{1}{9}$
5) $\frac{3}{7} < \frac{4}{7}$
6) $\frac{1}{6} < \frac{3}{6}$
7) $\frac{2}{4} < \frac{3}{4}$
8) $\frac{1}{7} < \frac{2}{7}$
9) $\frac{4}{8} = \frac{4}{8}$
10) $\frac{6}{9} > \frac{3}{9}$
11) $\frac{1}{5} < \frac{2}{5}$
12) $\frac{11}{12} > \frac{8}{12}$
13) $\frac{3}{10} < \frac{8}{10}$
14) $\frac{4}{6} > \frac{3}{6}$
15) $\frac{5}{6} = \frac{5}{6}$
16) $\frac{1}{4} < \frac{3}{4}$
17) $\frac{1}{2} = \frac{1}{2}$
18) $\frac{4}{8} < \frac{6}{8}$

Page 26

1) $\frac{1}{2} = \frac{1}{2}$
2) $\frac{1}{4} < \frac{3}{4}$
3) $\frac{5}{7} > \frac{4}{7}$
4) $\frac{4}{5} > \frac{2}{5}$
5) $\frac{6}{9} < \frac{7}{9}$
6) $\frac{3}{6} < \frac{5}{6}$
7) $\frac{2}{3} > \frac{1}{3}$
8) $\frac{4}{6} > \frac{1}{6}$
9) $\frac{2}{5} < \frac{3}{5}$
10) $\frac{8}{9} = \frac{8}{9}$
11) $\frac{1}{7} < \frac{6}{7}$
12) $\frac{1}{8} < \frac{3}{8}$
13) $\frac{5}{10} < \frac{6}{10}$
14) $\frac{2}{4} > \frac{1}{4}$
15) $\frac{4}{12} > \frac{2}{12}$
16) $\frac{6}{7} > \frac{1}{7}$
17) $\frac{3}{8} > \frac{1}{8}$
18) $\frac{3}{5} < \frac{4}{5}$

Page 27

1) $\frac{4}{5} > \frac{3}{5}$
2) $\frac{11}{12} > \frac{10}{12}$
3) $\frac{1}{9} < \frac{5}{9}$
4) $\frac{2}{7} = \frac{2}{7}$
5) $\frac{3}{4} > \frac{1}{4}$
6) $\frac{2}{6} < \frac{4}{6}$
7) $\frac{1}{2} = \frac{1}{2}$
8) $\frac{7}{8} > \frac{4}{8}$
9) $\frac{3}{4} = \frac{3}{4}$
10) $\frac{1}{5} < \frac{3}{5}$
11) $\frac{4}{10} > \frac{2}{10}$
12) $\frac{11}{12} > \frac{3}{12}$
13) $\frac{1}{3} < \frac{2}{3}$
14) $\frac{6}{7} > \frac{3}{7}$
15) $\frac{2}{9} = \frac{2}{9}$
16) $\frac{1}{6} < \frac{4}{6}$
17) $\frac{7}{12} = \frac{7}{12}$
18) $\frac{1}{7} < \frac{4}{7}$

Page 28

1) $\frac{4}{7} > \frac{3}{7}$
2) $\frac{1}{9} < \frac{2}{9}$
3) $\frac{3}{5} = \frac{3}{5}$
4) $\frac{4}{10} > \frac{1}{10}$
5) $\frac{1}{2} = \frac{1}{2}$
6) $\frac{3}{4} > \frac{1}{4}$
7) $\frac{9}{12} > \frac{5}{12}$
8) $\frac{1}{3} < \frac{2}{3}$
9) $\frac{2}{3} = \frac{2}{3}$
10) $\frac{4}{5} > \frac{1}{5}$
11) $\frac{2}{10} < \frac{6}{10}$
12) $\frac{4}{7} > \frac{1}{7}$
13) $\frac{5}{8} < \frac{6}{8}$
14) $\frac{11}{12} > \frac{3}{12}$
15) $\frac{4}{6} > \frac{2}{6}$
16) $\frac{2}{7} < \frac{4}{7}$
17) $\frac{3}{4} = \frac{3}{4}$
18) $\frac{3}{10} < \frac{4}{10}$

Page 29

1) $\frac{3}{7} > \frac{2}{7}$
2) $\frac{1}{2} = \frac{1}{2}$
3) $\frac{2}{3} > \frac{1}{3}$
4) $\frac{7}{12} < \frac{9}{12}$
5) $\frac{2}{4} = \frac{2}{4}$
6) $\frac{1}{6} < \frac{5}{6}$
7) $\frac{4}{8} < \frac{6}{8}$
8) $\frac{11}{12} = \frac{11}{12}$
9) $\frac{5}{10} < \frac{9}{10}$
10) $\frac{2}{8} < \frac{6}{8}$
11) $\frac{3}{9} < \frac{8}{9}$
12) $\frac{2}{5} = \frac{2}{5}$
13) $\frac{1}{4} < \frac{3}{4}$
14) $\frac{6}{7} > \frac{2}{7}$
15) $\frac{1}{6} < \frac{4}{6}$
16) $\frac{6}{7} > \frac{5}{7}$
17) $\frac{5}{8} > \frac{3}{8}$
18) $\frac{3}{6} < \frac{5}{6}$

Page 30

1) $\frac{3}{10} > \frac{1}{10}$
2) $\frac{3}{7} < \frac{6}{7}$
3) $\frac{3}{4} > \frac{2}{4}$
4) $\frac{7}{9} > \frac{5}{9}$
5) $\frac{1}{2} = \frac{1}{2}$
6) $\frac{2}{6} > \frac{1}{6}$
7) $\frac{4}{12} < \frac{7}{12}$
8) $\frac{3}{4} = \frac{3}{4}$
9) $\frac{7}{12} > \frac{5}{12}$
10) $\frac{1}{3} = \frac{1}{3}$
11) $\frac{2}{5} < \frac{3}{5}$
12) $\frac{1}{9} < \frac{3}{9}$
13) $\frac{3}{6} < \frac{5}{6}$
14) $\frac{4}{7} < \frac{5}{7}$
15) $\frac{5}{10} < \frac{6}{10}$
16) $\frac{2}{8} = \frac{2}{8}$
17) $\frac{1}{7} < \frac{2}{7}$
18) $\frac{4}{6} > \frac{2}{6}$

Page 31

1) $\frac{3}{8} < \frac{1}{2}$
2) $\frac{3}{4} > \frac{1}{2}$
3) $\frac{6}{8} = \frac{3}{4}$
4) $\frac{1}{4} < \frac{1}{2}$
5) $\frac{1}{8} < \frac{2}{4}$
6) $\frac{1}{2} < \frac{5}{8}$
7) $\frac{1}{2} > \frac{3}{8}$
8) $\frac{2}{4} > \frac{1}{8}$
9) $\frac{6}{8} > \frac{1}{4}$
10) $\frac{1}{2} > \frac{1}{4}$
11) $\frac{2}{8} < \frac{1}{2}$
12) $\frac{4}{8} > \frac{1}{4}$
13) $\frac{3}{4} > \frac{1}{8}$
14) $\frac{1}{2} > \frac{1}{8}$
15) $\frac{1}{2} = \frac{2}{4}$
16) $\frac{1}{4} > \frac{1}{8}$
17) $\frac{1}{8} < \frac{1}{4}$
18) $\frac{1}{2} < \frac{3}{4}$

Page 32

1) $\frac{1}{8} < \frac{3}{4}$
2) $\frac{6}{8} = \frac{3}{4}$
3) $\frac{1}{2} = \frac{4}{8}$
4) $\frac{1}{4} < \frac{1}{2}$
5) $\frac{1}{2} = \frac{2}{4}$
6) $\frac{7}{8} > \frac{3}{8}$
7) $\frac{2}{4} = \frac{1}{2}$
8) $\frac{1}{2} < \frac{3}{4}$
9) $\frac{1}{2} > \frac{3}{8}$
10) $\frac{6}{8} > \frac{1}{2}$
11) $\frac{2}{4} > \frac{1}{4}$
12) $\frac{3}{4} > \frac{1}{2}$
13) $\frac{2}{8} < \frac{1}{2}$
14) $\frac{2}{8} < \frac{3}{4}$
15) $\frac{3}{8} < \frac{5}{8}$
16) $\frac{1}{2} > \frac{1}{8}$
17) $\frac{2}{4} < \frac{7}{8}$
18) $\frac{1}{2} > \frac{1}{4}$

Page 33 — COMPARE

1) $\dfrac{1}{2} > \dfrac{2}{8}$ 2) $\dfrac{3}{4} > \dfrac{2}{4}$ 3) $\dfrac{3}{8} < \dfrac{1}{2}$

4) $\dfrac{1}{4} < \dfrac{7}{8}$ 5) $\dfrac{1}{2} > \dfrac{1}{4}$ 6) $\dfrac{1}{8} < \dfrac{1}{2}$

7) $\dfrac{7}{8} > \dfrac{1}{2}$ 8) $\dfrac{1}{4} < \dfrac{1}{2}$ 9) $\dfrac{3}{4} > \dfrac{3}{8}$

10) $\dfrac{1}{2} = \dfrac{2}{4}$ 11) $\dfrac{6}{8} > \dfrac{1}{4}$ 12) $\dfrac{1}{2} < \dfrac{7}{8}$

13) $\dfrac{1}{2} < \dfrac{6}{8}$ 14) $\dfrac{1}{4} > \dfrac{1}{8}$ 15) $\dfrac{2}{8} < \dfrac{1}{2}$

16) $\dfrac{1}{4} < \dfrac{3}{4}$ 17) $\dfrac{1}{4} < \dfrac{3}{8}$ 18) $\dfrac{1}{2} > \dfrac{3}{8}$

Page 34 — COMPARE

1) $\dfrac{1}{2} < \dfrac{6}{8}$ 2) $\dfrac{1}{2} = \dfrac{2}{4}$ 3) $\dfrac{3}{8} < \dfrac{3}{4}$

4) $\dfrac{1}{2} > \dfrac{2}{8}$ 5) $\dfrac{3}{8} > \dfrac{1}{4}$ 6) $\dfrac{1}{2} = \dfrac{1}{2}$

7) $\dfrac{6}{8} = \dfrac{3}{4}$ 8) $\dfrac{2}{4} < \dfrac{5}{8}$ 9) $\dfrac{1}{2} = \dfrac{4}{8}$

10) $\dfrac{1}{2} < \dfrac{3}{4}$ 11) $\dfrac{2}{8} < \dfrac{1}{2}$ 12) $\dfrac{6}{8} > \dfrac{2}{4}$

13) $\dfrac{5}{8} > \dfrac{1}{2}$ 14) $\dfrac{1}{4} < \dfrac{3}{8}$ 15) $\dfrac{6}{8} > \dfrac{1}{2}$

16) $\dfrac{3}{4} > \dfrac{1}{2}$ 17) $\dfrac{1}{8} < \dfrac{3}{8}$ 18) $\dfrac{7}{8} > \dfrac{1}{4}$

Page 35 — COMPARE

1) $\dfrac{1}{2} = \dfrac{1}{2}$ 2) $\dfrac{6}{8} > \dfrac{2}{4}$ 3) $\dfrac{3}{4} < \dfrac{7}{8}$

4) $\dfrac{1}{2} < \dfrac{3}{4}$ 5) $\dfrac{1}{2} > \dfrac{3}{8}$ 6) $\dfrac{3}{8} < \dfrac{1}{2}$

7) $\dfrac{2}{4} = \dfrac{1}{2}$ 8) $\dfrac{3}{8} < \dfrac{2}{4}$ 9) $\dfrac{2}{4} = \dfrac{4}{8}$

10) $\dfrac{1}{2} = \dfrac{2}{4}$ 11) $\dfrac{7}{8} > \dfrac{1}{2}$ 12) $\dfrac{6}{8} > \dfrac{1}{2}$

13) $\dfrac{4}{8} = \dfrac{2}{4}$ 14) $\dfrac{1}{2} > \dfrac{1}{4}$ 15) $\dfrac{3}{8} > \dfrac{1}{4}$

16) $\dfrac{3}{4} > \dfrac{1}{2}$ 17) $\dfrac{7}{8} > \dfrac{2}{4}$ 18) $\dfrac{1}{2} < \dfrac{5}{8}$

Page 36 — COMPARE

1) $\dfrac{2}{5} < \dfrac{9}{15}$ 2) $\dfrac{4}{5} > \dfrac{2}{15}$ 3) $\dfrac{4}{10} > \dfrac{2}{10}$

4) $\dfrac{3}{5} > \dfrac{3}{15}$ 5) $\dfrac{1}{10} < \dfrac{13}{15}$ 6) $\dfrac{1}{5} = \dfrac{2}{10}$

7) $\dfrac{1}{15} < \dfrac{9}{10}$ 8) $\dfrac{1}{5} < \dfrac{4}{5}$ 9) $\dfrac{8}{10} = \dfrac{12}{15}$

10) $\dfrac{3}{5} > \dfrac{5}{15}$ 11) $\dfrac{6}{10} > \dfrac{4}{15}$ 12) $\dfrac{1}{10} < \dfrac{3}{5}$

13) $\dfrac{1}{5} < \dfrac{14}{15}$ 14) $\dfrac{4}{5} < \dfrac{9}{10}$ 15) $\dfrac{2}{5} > \dfrac{1}{10}$

16) $\dfrac{6}{15} < \dfrac{9}{15}$ 17) $\dfrac{3}{5} > \dfrac{4}{10}$ 18) $\dfrac{10}{15} > \dfrac{3}{5}$

Page 37

1) $\dfrac{1}{10} < \dfrac{11}{15}$ 2) $\dfrac{3}{5} > \dfrac{1}{10}$ 3) $\dfrac{2}{5} > \dfrac{1}{15}$

4) $\dfrac{4}{10} < \dfrac{3}{5}$ 5) $\dfrac{11}{15} < \dfrac{8}{10}$ 6) $\dfrac{6}{15} < \dfrac{4}{5}$

7) $\dfrac{6}{10} < \dfrac{4}{5}$ 8) $\dfrac{2}{10} < \dfrac{5}{15}$ 9) $\dfrac{6}{10} > \dfrac{4}{15}$

10) $\dfrac{3}{5} > \dfrac{4}{15}$ 11) $\dfrac{8}{10} = \dfrac{4}{5}$ 12) $\dfrac{9}{10} > \dfrac{10}{15}$

13) $\dfrac{2}{5} = \dfrac{2}{5}$ 14) $\dfrac{2}{15} > \dfrac{1}{10}$ 15) $\dfrac{2}{15} < \dfrac{4}{5}$

16) $\dfrac{7}{10} > \dfrac{1}{15}$ 17) $\dfrac{1}{5} < \dfrac{7}{10}$ 18) $\dfrac{14}{15} > \dfrac{3}{5}$

Page 38

1) $\dfrac{6}{10} > \dfrac{2}{5}$ 2) $\dfrac{4}{10} > \dfrac{5}{15}$ 3) $\dfrac{4}{10} < \dfrac{4}{5}$

4) $\dfrac{8}{15} > \dfrac{4}{15}$ 5) $\dfrac{12}{15} > \dfrac{3}{5}$ 6) $\dfrac{4}{10} < \dfrac{8}{15}$

7) $\dfrac{3}{5} > \dfrac{3}{10}$ 8) $\dfrac{7}{10} > \dfrac{3}{15}$ 9) $\dfrac{2}{5} > \dfrac{4}{15}$

10) $\dfrac{5}{10} < \dfrac{4}{5}$ 11) $\dfrac{5}{10} < \dfrac{9}{15}$ 12) $\dfrac{1}{5} < \dfrac{5}{10}$

13) $\dfrac{3}{5} > \dfrac{6}{15}$ 14) $\dfrac{2}{15} < \dfrac{1}{5}$ 15) $\dfrac{6}{10} = \dfrac{6}{10}$

16) $\dfrac{1}{5} < \dfrac{9}{15}$ 17) $\dfrac{14}{15} > \dfrac{3}{10}$ 18) $\dfrac{3}{5} < \dfrac{13}{15}$

Page 39

1) $\dfrac{5}{10} > \dfrac{1}{15}$ 2) $\dfrac{3}{10} < \dfrac{2}{5}$ 3) $\dfrac{8}{15} > \dfrac{1}{10}$

4) $\dfrac{3}{5} > \dfrac{6}{15}$ 5) $\dfrac{8}{10} > \dfrac{1}{15}$ 6) $\dfrac{1}{5} < \dfrac{11}{15}$

7) $\dfrac{1}{10} < \dfrac{1}{5}$ 8) $\dfrac{2}{10} = \dfrac{1}{5}$ 9) $\dfrac{12}{15} > \dfrac{9}{15}$

10) $\dfrac{2}{5} > \dfrac{3}{10}$ 11) $\dfrac{2}{5} < \dfrac{13}{15}$ 12) $\dfrac{2}{10} < \dfrac{7}{10}$

13) $\dfrac{6}{15} > \dfrac{1}{5}$ 14) $\dfrac{4}{15} < \dfrac{6}{10}$ 15) $\dfrac{1}{5} < \dfrac{8}{15}$

16) $\dfrac{7}{10} > \dfrac{3}{5}$ 17) $\dfrac{10}{15} < \dfrac{4}{5}$ 18) $\dfrac{9}{10} > \dfrac{13}{15}$

Page 40

1) $\dfrac{5}{10} < \dfrac{4}{5}$ 2) $\dfrac{9}{15} < \dfrac{14}{15}$ 3) $\dfrac{4}{5} = \dfrac{8}{10}$

4) $\dfrac{10}{15} > \dfrac{2}{5}$ 5) $\dfrac{9}{10} > \dfrac{3}{5}$ 6) $\dfrac{8}{10} > \dfrac{1}{15}$

7) $\dfrac{8}{10} > \dfrac{10}{15}$ 8) $\dfrac{3}{5} > \dfrac{4}{10}$ 9) $\dfrac{2}{5} > \dfrac{2}{15}$

10) $\dfrac{12}{15} > \dfrac{3}{5}$ 11) $\dfrac{8}{10} > \dfrac{3}{10}$ 12) $\dfrac{1}{5} < \dfrac{7}{15}$

13) $\dfrac{1}{5} < \dfrac{7}{10}$ 14) $\dfrac{2}{15} < \dfrac{9}{10}$ 15) $\dfrac{4}{5} > \dfrac{3}{15}$

16) $\dfrac{1}{5} < \dfrac{4}{10}$ 17) $\dfrac{6}{15} < \dfrac{3}{5}$ 18) $\dfrac{5}{15} < \dfrac{9}{10}$

Page 41

1) $\frac{2}{6} - \frac{1}{6} = \frac{1}{6}$
2) $\frac{3}{8} - \frac{1}{8} = \frac{1}{4}$
3) $\frac{3}{4} - \frac{1}{4} = \frac{1}{2}$
4) $\frac{4}{6} + \frac{5}{6} = 1\frac{1}{2}$
5) $\frac{2}{3} + \frac{1}{3} = 1$
6) $\frac{7}{8} - \frac{6}{8} = \frac{1}{8}$
7) $\frac{1}{2} + \frac{1}{2} = 1$
8) $\frac{1}{4} + \frac{1}{4} = \frac{1}{2}$
9) $\frac{6}{8} - \frac{1}{8} = \frac{5}{8}$
10) $\frac{3}{4} + \frac{3}{4} = 1\frac{1}{2}$
11) $\frac{5}{6} + \frac{1}{6} = 1$
12) $\frac{3}{4} - \frac{2}{4} = \frac{1}{4}$
13) $\frac{2}{6} + \frac{1}{6} = \frac{1}{2}$
14) $\frac{3}{6} + \frac{5}{6} = 1\frac{1}{3}$
15) $\frac{2}{3} + \frac{2}{3} = 1\frac{1}{3}$
16) $\frac{1}{8} + \frac{3}{8} = \frac{1}{2}$
17) $\frac{5}{6} - \frac{1}{6} = \frac{2}{3}$
18) $\frac{7}{8} + \frac{6}{8} = 1\frac{5}{8}$
19) $\frac{2}{4} - \frac{1}{4} = \frac{1}{4}$
20) $\frac{2}{3} - \frac{1}{3} = \frac{1}{3}$

Page 42

1) $\frac{3}{4} - \frac{2}{4} = \frac{1}{4}$
2) $\frac{6}{8} - \frac{5}{8} = \frac{1}{8}$
3) $\frac{4}{6} - \frac{2}{6} = \frac{1}{3}$
4) $\frac{1}{2} + \frac{1}{2} = 1$
5) $\frac{2}{3} - \frac{1}{3} = \frac{1}{3}$
6) $\frac{2}{4} - \frac{1}{4} = \frac{1}{4}$
7) $\frac{6}{8} + \frac{4}{8} = 1\frac{1}{4}$
8) $\frac{5}{6} + \frac{3}{6} = 1\frac{1}{3}$
9) $\frac{1}{4} + \frac{3}{4} = 1$
10) $\frac{5}{6} + \frac{1}{6} = 1$
11) $\frac{5}{8} + \frac{5}{8} = 1\frac{1}{4}$
12) $\frac{1}{3} + \frac{2}{3} = 1$
13) $\frac{5}{6} - \frac{4}{6} = \frac{1}{6}$
14) $\frac{7}{8} - \frac{3}{8} = \frac{1}{2}$
15) $\frac{3}{4} - \frac{1}{4} = \frac{1}{2}$
16) $\frac{2}{8} + \frac{2}{8} = \frac{1}{2}$
17) $\frac{1}{6} + \frac{2}{6} = \frac{1}{2}$
18) $\frac{7}{8} - \frac{5}{8} = \frac{1}{4}$
19) $\frac{1}{3} + \frac{1}{3} = \frac{2}{3}$
20) $\frac{2}{4} + \frac{3}{4} = 1\frac{1}{4}$

Page 43

1) $\frac{3}{6} - \frac{1}{6} = \frac{1}{3}$
2) $\frac{3}{4} + \frac{3}{4} = 1\frac{1}{2}$
3) $\frac{1}{2} + \frac{1}{2} = 1$
4) $\frac{2}{4} + \frac{1}{4} = \frac{3}{4}$
5) $\frac{5}{8} - \frac{1}{8} = \frac{1}{2}$
6) $\frac{5}{6} - \frac{4}{6} = \frac{1}{6}$
7) $\frac{1}{3} + \frac{1}{3} = \frac{2}{3}$
8) $\frac{3}{6} + \frac{4}{6} = 1\frac{1}{6}$
9) $\frac{1}{3} + \frac{2}{3} = 1$
10) $\frac{6}{8} + \frac{6}{8} = 1\frac{1}{2}$
11) $\frac{5}{6} - \frac{1}{6} = \frac{2}{3}$
12) $\frac{7}{8} - \frac{6}{8} = \frac{1}{8}$
13) $\frac{2}{3} - \frac{1}{3} = \frac{1}{3}$
14) $\frac{4}{6} + \frac{5}{6} = 1\frac{1}{2}$
15) $\frac{3}{4} - \frac{2}{4} = \frac{1}{4}$
16) $\frac{7}{8} - \frac{5}{8} = \frac{1}{4}$
17) $\frac{2}{3} + \frac{2}{3} = 1\frac{1}{3}$
18) $\frac{2}{4} + \frac{3}{4} = 1\frac{1}{4}$
19) $\frac{2}{8} + \frac{2}{8} = \frac{1}{2}$
20) $\frac{4}{6} - \frac{3}{6} = \frac{1}{6}$

Page 44

1) $\frac{3}{4} + \frac{2}{4} = 1\frac{1}{4}$
2) $\frac{2}{3} - \frac{1}{3} = \frac{1}{3}$
3) $\frac{5}{8} - \frac{4}{8} = \frac{1}{8}$
4) $\frac{5}{6} - \frac{3}{6} = \frac{1}{3}$
5) $\frac{3}{4} - \frac{1}{4} = \frac{1}{2}$
6) $\frac{4}{6} - \frac{3}{6} = \frac{1}{6}$
7) $\frac{5}{8} + \frac{3}{8} = 1$
8) $\frac{3}{6} - \frac{1}{6} = \frac{1}{3}$
9) $\frac{7}{8} - \frac{6}{8} = \frac{1}{8}$
10) $\frac{2}{3} + \frac{2}{3} = 1\frac{1}{3}$
11) $\frac{2}{4} - \frac{1}{4} = \frac{1}{4}$
12) $\frac{1}{2} + \frac{1}{2} = 1$
13) $\frac{7}{8} - \frac{1}{8} = \frac{3}{4}$
14) $\frac{4}{6} - \frac{1}{6} = \frac{1}{2}$
15) $\frac{5}{8} + \frac{5}{8} = 1\frac{1}{4}$
16) $\frac{3}{4} + \frac{1}{4} = 1$
17) $\frac{3}{6} - \frac{2}{6} = \frac{1}{6}$
18) $\frac{1}{8} + \frac{2}{8} = \frac{3}{8}$
19) $\frac{4}{6} + \frac{5}{6} = 1\frac{1}{2}$
20) $\frac{2}{4} + \frac{3}{4} = 1\frac{1}{4}$

Page 45

1) $\frac{1}{2} + \frac{1}{2} = 1$
2) $\frac{1}{4} + \frac{1}{4} = \frac{1}{2}$
3) $\frac{2}{3} - \frac{1}{3} = \frac{1}{3}$
4) $\frac{2}{6} + \frac{2}{6} = \frac{2}{3}$
5) $\frac{6}{8} - \frac{5}{8} = \frac{1}{8}$
6) $\frac{1}{8} + \frac{7}{8} = 1$
7) $\frac{3}{6} + \frac{5}{6} = 1\frac{1}{3}$
8) $\frac{3}{4} + \frac{2}{4} = 1\frac{1}{4}$
9) $\frac{7}{8} - \frac{6}{8} = \frac{1}{8}$
10) $\frac{1}{4} + \frac{2}{4} = \frac{3}{4}$
11) $\frac{1}{6} + \frac{3}{6} = \frac{2}{3}$
12) $\frac{4}{6} - \frac{2}{6} = \frac{1}{3}$
13) $\frac{7}{8} - \frac{5}{8} = \frac{1}{4}$
14) $\frac{1}{3} + \frac{2}{3} = 1$
15) $\frac{1}{6} + \frac{5}{6} = 1$
16) $\frac{2}{4} - \frac{1}{4} = \frac{1}{4}$
17) $\frac{1}{3} + \frac{1}{3} = \frac{2}{3}$
18) $\frac{3}{4} - \frac{2}{4} = \frac{1}{4}$
19) $\frac{3}{8} + \frac{6}{8} = 1\frac{1}{8}$
20) $\frac{5}{6} - \frac{3}{6} = \frac{1}{3}$

Page 46

1) $\frac{1}{2} + \frac{1}{2} = 1$
2) $\frac{1}{8} + \frac{3}{8} = \frac{1}{2}$
3) $\frac{2}{3} - \frac{1}{3} = \frac{1}{3}$
4) $\frac{3}{6} - \frac{1}{6} = \frac{1}{3}$
5) $\frac{3}{4} + \frac{3}{4} = 1\frac{1}{2}$
6) $\frac{3}{6} - \frac{2}{6} = \frac{1}{6}$
7) $\frac{5}{8} - \frac{4}{8} = \frac{1}{8}$
8) $\frac{1}{3} + \frac{1}{3} = \frac{2}{3}$
9) $\frac{2}{4} + \frac{3}{4} = 1\frac{1}{4}$
10) $\frac{6}{8} - \frac{2}{8} = \frac{1}{2}$
11) $\frac{3}{4} + \frac{2}{4} = 1\frac{1}{4}$
12) $\frac{3}{6} + \frac{3}{6} = 1$
13) $\frac{4}{8} - \frac{1}{8} = \frac{3}{8}$
14) $\frac{4}{6} - \frac{2}{6} = \frac{1}{3}$
15) $\frac{3}{4} - \frac{1}{4} = \frac{1}{2}$
16) $\frac{5}{6} + \frac{4}{6} = 1\frac{1}{2}$
17) $\frac{5}{8} + \frac{3}{8} = 1$
18) $\frac{3}{4} - \frac{2}{4} = \frac{1}{4}$
19) $\frac{5}{6} + \frac{1}{6} = 1$
20) $\frac{7}{8} - \frac{4}{8} = \frac{3}{8}$

Page 47

1) $\frac{2}{3} - \frac{1}{3} = \frac{1}{3}$
2) $\frac{5}{6} + \frac{4}{6} = 1\frac{1}{2}$
3) $\frac{5}{8} - \frac{3}{8} = \frac{1}{4}$
4) $\frac{7}{8} - \frac{6}{8} = \frac{1}{8}$
5) $\frac{1}{2} + \frac{1}{2} = 1$
6) $\frac{4}{6} + \frac{3}{6} = 1\frac{1}{6}$
7) $\frac{3}{4} - \frac{1}{4} = \frac{1}{2}$
8) $\frac{1}{3} + \frac{1}{3} = \frac{2}{3}$
9) $\frac{1}{8} + \frac{2}{8} = \frac{3}{8}$
10) $\frac{1}{6} + \frac{2}{6} = \frac{1}{2}$
11) $\frac{1}{3} + \frac{2}{3} = 1$
12) $\frac{1}{4} + \frac{3}{4} = 1$
13) $\frac{3}{4} + \frac{3}{4} = 1\frac{1}{2}$
14) $\frac{5}{8} + \frac{7}{8} = 1\frac{1}{2}$
15) $\frac{5}{6} - \frac{4}{6} = \frac{1}{6}$
16) $\frac{5}{8} - \frac{4}{8} = \frac{1}{8}$
17) $\frac{3}{4} - \frac{2}{4} = \frac{1}{4}$
18) $\frac{2}{6} + \frac{1}{6} = \frac{1}{2}$
19) $\frac{2}{6} + \frac{2}{6} = \frac{2}{3}$
20) $\frac{4}{8} - \frac{3}{8} = \frac{1}{8}$

Page 48

1) $\frac{2}{3} - \frac{1}{3} = \frac{1}{3}$
2) $\frac{3}{8} - \frac{2}{8} = \frac{1}{8}$
3) $\frac{3}{6} + \frac{5}{6} = 1\frac{1}{3}$
4) $\frac{3}{4} + \frac{1}{4} = 1$
5) $\frac{1}{2} + \frac{1}{2} = 1$
6) $\frac{2}{3} + \frac{2}{3} = 1\frac{1}{3}$
7) $\frac{3}{4} - \frac{1}{4} = \frac{1}{2}$
8) $\frac{7}{8} - \frac{4}{8} = \frac{3}{8}$
9) $\frac{5}{6} - \frac{4}{6} = \frac{1}{6}$
10) $\frac{1}{6} + \frac{3}{6} = \frac{2}{3}$
11) $\frac{1}{4} + \frac{3}{4} = 1$
12) $\frac{1}{3} + \frac{2}{3} = 1$
13) $\frac{7}{8} - \frac{6}{8} = \frac{1}{8}$
14) $\frac{2}{3} + \frac{1}{3} = 1$
15) $\frac{1}{6} + \frac{1}{6} = \frac{1}{3}$
16) $\frac{2}{4} - \frac{1}{4} = \frac{1}{4}$
17) $\frac{3}{6} - \frac{1}{6} = \frac{1}{3}$
18) $\frac{5}{8} - \frac{1}{8} = \frac{1}{2}$
19) $\frac{2}{4} + \frac{1}{4} = \frac{3}{4}$
20) $\frac{6}{8} - \frac{5}{8} = \frac{1}{8}$

Page 49

1) $\frac{6}{8} - \frac{5}{8} = \frac{1}{8}$
2) $\frac{3}{8} + \frac{2}{8} = \frac{5}{8}$
3) $\frac{1}{4} + \frac{2}{4} = \frac{3}{4}$
4) $\frac{3}{6} + \frac{4}{6} = 1\frac{1}{6}$
5) $\frac{1}{2} + \frac{1}{2} = 1$
6) $\frac{2}{3} - \frac{1}{3} = \frac{1}{3}$
7) $\frac{6}{8} + \frac{2}{8} = 1$
8) $\frac{2}{4} + \frac{1}{4} = \frac{3}{4}$
9) $\frac{4}{6} - \frac{1}{6} = \frac{1}{2}$
10) $\frac{5}{8} - \frac{2}{8} = \frac{3}{8}$
11) $\frac{3}{4} + \frac{3}{4} = 1\frac{1}{2}$
12) $\frac{5}{6} + \frac{4}{6} = 1\frac{1}{2}$
13) $\frac{3}{6} - \frac{2}{6} = \frac{1}{6}$
14) $\frac{2}{3} + \frac{2}{3} = 1\frac{1}{3}$
15) $\frac{3}{4} - \frac{2}{4} = \frac{1}{4}$
16) $\frac{2}{8} + \frac{3}{8} = \frac{5}{8}$
17) $\frac{1}{4} + \frac{1}{4} = \frac{1}{2}$
18) $\frac{4}{6} - \frac{2}{6} = \frac{1}{3}$
19) $\frac{3}{4} + \frac{1}{4} = 1$
20) $\frac{1}{6} + \frac{1}{6} = \frac{1}{3}$

Page 50

1) $\frac{2}{3} - \frac{1}{3} = \frac{1}{3}$
2) $\frac{5}{6} - \frac{3}{6} = \frac{1}{3}$
3) $\frac{7}{8} - \frac{5}{8} = \frac{1}{4}$
4) $\frac{2}{4} + \frac{2}{4} = 1$
5) $\frac{2}{3} + \frac{1}{3} = 1$
6) $\frac{6}{8} + \frac{6}{8} = 1\frac{1}{2}$
7) $\frac{1}{3} + \frac{2}{3} = 1$
8) $\frac{3}{4} - \frac{2}{4} = \frac{1}{4}$
9) $\frac{1}{2} + \frac{1}{2} = 1$
10) $\frac{2}{6} + \frac{1}{6} = \frac{1}{2}$
11) $\frac{3}{4} - \frac{1}{4} = \frac{1}{2}$
12) $\frac{3}{8} - \frac{2}{8} = \frac{1}{8}$
13) $\frac{3}{6} - \frac{1}{6} = \frac{1}{3}$
14) $\frac{3}{6} - \frac{2}{6} = \frac{1}{6}$
15) $\frac{5}{8} - \frac{4}{8} = \frac{1}{8}$
16) $\frac{3}{4} + \frac{2}{4} = 1\frac{1}{4}$
17) $\frac{7}{8} - \frac{4}{8} = \frac{3}{8}$
18) $\frac{2}{4} - \frac{1}{4} = \frac{1}{4}$
19) $\frac{4}{6} + \frac{2}{6} = 1$
20) $\frac{2}{6} + \frac{2}{6} = \frac{2}{3}$

Page 51

1) $\frac{2}{8} + \frac{1}{4} = \frac{1}{2}$
2) $\frac{1}{2} + \frac{2}{4} = 1$
3) $\frac{2}{3} - \frac{1}{2} = \frac{1}{6}$
4) $\frac{5}{8} + \frac{1}{3} = \frac{23}{24}$
5) $\frac{3}{4} - \frac{2}{6} = \frac{5}{12}$
6) $\frac{1}{4} + \frac{1}{2} = \frac{3}{4}$
7) $\frac{7}{8} - \frac{2}{6} = \frac{13}{24}$
8) $\frac{1}{2} - \frac{1}{3} = \frac{1}{6}$
9) $\frac{6}{8} + \frac{2}{6} = 1\frac{1}{12}$
10) $\frac{4}{8} - \frac{2}{6} = \frac{1}{6}$

Page 52

1) $\frac{2}{4} - \frac{1}{6} = \frac{1}{3}$
2) $\frac{2}{8} - \frac{1}{6} = \frac{1}{12}$
3) $\frac{1}{2} + \frac{2}{4} = 1$
4) $\frac{1}{2} + \frac{3}{8} = \frac{7}{8}$
5) $\frac{2}{3} - \frac{1}{2} = \frac{1}{6}$
6) $\frac{2}{4} - \frac{2}{6} = \frac{1}{6}$
7) $\frac{2}{3} - \frac{2}{4} = \frac{1}{6}$
8) $\frac{1}{6} + \frac{7}{8} = 1\frac{1}{24}$
9) $\frac{2}{6} + \frac{1}{4} = \frac{7}{12}$
10) $\frac{1}{4} - \frac{1}{6} = \frac{1}{12}$

Page 53

1) $\frac{1}{2} + \frac{2}{3} = 1\frac{1}{6}$

2) $\frac{2}{4} + \frac{6}{8} = 1\frac{1}{4}$

3) $\frac{1}{2} + \frac{3}{4} = 1\frac{1}{4}$

4) $\frac{2}{3} - \frac{1}{6} = \frac{1}{2}$

5) $\frac{1}{2} - \frac{1}{6} = \frac{1}{3}$

6) $\frac{2}{3} - \frac{1}{2} = \frac{1}{6}$

7) $\frac{4}{6} + \frac{2}{4} = 1\frac{1}{6}$

8) $\frac{4}{8} + \frac{1}{3} = \frac{5}{6}$

9) $\frac{3}{4} + \frac{6}{8} = 1\frac{1}{2}$

10) $\frac{2}{3} - \frac{1}{4} = \frac{5}{12}$

Page 54

1) $\frac{1}{3} + \frac{1}{2} = \frac{5}{6}$

2) $\frac{1}{6} + \frac{1}{2} = \frac{2}{3}$

3) $\frac{7}{8} + \frac{1}{3} = 1\frac{5}{24}$

4) $\frac{3}{4} - \frac{3}{8} = \frac{3}{8}$

5) $\frac{3}{6} + \frac{1}{2} = 1$

6) $\frac{1}{3} + \frac{1}{4} = \frac{7}{12}$

7) $\frac{2}{4} + \frac{1}{2} = 1$

8) $\frac{3}{6} + \frac{2}{3} = 1\frac{1}{6}$

9) $\frac{7}{8} + \frac{2}{6} = 1\frac{5}{24}$

10) $\frac{6}{8} + \frac{2}{3} = 1\frac{5}{12}$

Page 55

1) $\frac{5}{6} - \frac{1}{2} = \frac{1}{3}$

2) $\frac{3}{4} + \frac{2}{3} = 1\frac{5}{12}$

3) $\frac{1}{8} + \frac{1}{2} = \frac{5}{8}$

4) $\frac{4}{8} + \frac{1}{4} = \frac{3}{4}$

5) $\frac{4}{6} + \frac{2}{3} = 1\frac{1}{3}$

6) $\frac{1}{3} - \frac{1}{4} = \frac{1}{12}$

7) $\frac{4}{6} - \frac{1}{6} = \frac{1}{2}$

8) $\frac{4}{8} - \frac{1}{3} = \frac{1}{6}$

9) $\frac{7}{8} - \frac{1}{2} = \frac{3}{8}$

10) $\frac{2}{4} - \frac{1}{8} = \frac{3}{8}$

Page 56

1) $\frac{1}{3} + \frac{3}{8} = \frac{17}{24}$

2) $\frac{2}{5} + \frac{4}{6} = 1\frac{1}{15}$

3) $\frac{2}{3} - \frac{3}{6} = \frac{1}{6}$

4) $\frac{3}{5} + \frac{7}{8} = 1\frac{19}{40}$

5) $\frac{2}{6} - \frac{2}{8} = \frac{1}{12}$

6) $\frac{3}{6} - \frac{2}{5} = \frac{1}{10}$

7) $\frac{3}{5} - \frac{3}{6} = \frac{1}{10}$

8) $\frac{2}{3} - \frac{1}{3} = \frac{1}{3}$

9) $\frac{1}{3} - \frac{1}{8} = \frac{5}{24}$

10) $\frac{1}{4} + \frac{2}{4} = \frac{3}{4}$

Page 57

1) $\frac{1}{2} - \frac{1}{8} = \frac{3}{8}$

2) $\frac{1}{3} + \frac{2}{6} = \frac{2}{3}$

3) $\frac{4}{5} - \frac{3}{6} = \frac{3}{10}$

4) $\frac{3}{4} - \frac{1}{3} = \frac{5}{12}$

5) $\frac{1}{2} + \frac{4}{8} = 1$

6) $\frac{4}{5} + \frac{3}{4} = 1\frac{11}{20}$

7) $\frac{5}{8} + \frac{1}{6} = \frac{19}{24}$

8) $\frac{4}{5} + \frac{1}{2} = 1\frac{3}{10}$

9) $\frac{2}{3} - \frac{2}{5} = \frac{4}{15}$

10) $\frac{1}{2} + \frac{1}{8} = \frac{5}{8}$

Page 58

1) $\frac{2}{3} - \frac{2}{6} = \frac{1}{3}$

2) $\frac{1}{2} - \frac{1}{5} = \frac{3}{10}$

3) $\frac{2}{3} + \frac{2}{6} = 1$

4) $\frac{3}{4} - \frac{4}{6} = \frac{1}{12}$

5) $\frac{7}{8} + \frac{2}{3} = 1\frac{13}{24}$

6) $\frac{1}{2} - \frac{2}{8} = \frac{1}{4}$

7) $\frac{1}{2} - \frac{1}{6} = \frac{1}{3}$

8) $\frac{1}{3} + \frac{1}{5} = \frac{8}{15}$

9) $\frac{2}{4} - \frac{2}{5} = \frac{1}{10}$

10) $\frac{1}{4} + \frac{1}{3} = \frac{7}{12}$

Page 59

1) $\frac{3}{5} - \frac{1}{4} = \frac{7}{20}$

2) $\frac{5}{6} - \frac{2}{3} = \frac{1}{6}$

3) $\frac{2}{4} - \frac{2}{8} = \frac{1}{4}$

4) $\frac{1}{4} - \frac{1}{5} = \frac{1}{20}$

5) $\frac{1}{2} - \frac{2}{8} = \frac{1}{4}$

6) $\frac{1}{6} + \frac{1}{2} = \frac{2}{3}$

7) $\frac{4}{5} - \frac{3}{4} = \frac{1}{20}$

8) $\frac{2}{3} + \frac{1}{4} = \frac{11}{12}$

9) $\frac{1}{2} - \frac{2}{5} = \frac{1}{10}$

10) $\frac{5}{6} - \frac{2}{6} = \frac{1}{2}$

Page 60

1) $\frac{2}{4} + \frac{2}{3} = 1\frac{1}{6}$

2) $\frac{2}{3} - \frac{3}{8} = \frac{7}{24}$

3) $\frac{3}{5} + \frac{1}{2} = 1\frac{1}{10}$

4) $\frac{3}{4} + \frac{2}{3} = 1\frac{5}{12}$

5) $\frac{3}{5} + \frac{1}{4} = \frac{17}{20}$

6) $\frac{1}{8} + \frac{4}{6} = \frac{19}{24}$

7) $\frac{5}{6} - \frac{1}{2} = \frac{1}{3}$

8) $\frac{1}{4} + \frac{4}{5} = 1\frac{1}{20}$

9) $\frac{4}{8} - \frac{1}{3} = \frac{1}{6}$

10) $\frac{4}{5} - \frac{5}{8} = \frac{7}{40}$

Made in United States
Orlando, FL
02 April 2025